高等院校信息技术系列教材

Arduino
程序设计与应用
——基于Wokwi的虚拟仿真

刘安东 竺功财 倪洪杰 编著

清华大学出版社

北京

内 容 简 介

本书是一本将 Arduino 虚拟仿真介绍、C 与 C++ 程序设计和基于 Arduino 的多传感器实验案例分析结合在一起的教材。考虑到 Arduino 实际使用的普及性,本书以 Arduino 虚拟仿真为主线,围绕"低成本""经典仿真案例分析""仿真实验自主设计"展开。主要介绍 Arduino 工程建立、C 与 C++ 程序设计以及仿真案例分析,将其作为教材的基础;在此基础上,使用虚拟平台中多种传感器自主设计相关实验案例,如定时中断交通灯、步进电机外部中断串口通信控制、超声波智能避障小车及智能红外遥控小车等;Arduino 的 I/O 口基本驱动、中断、定时器以及串口通信的基本应用为贯穿本书的主线;将 Arduino 中实际使用的 C 与 C++ 编程技巧,通信协议解析以及仿真元器件控制逻辑等作为本书的重点,使学生掌握 Arduino 关键技术要点和应用方法。

本书可作为高等院校"Arduino 程序设计与应用"课程的通用教材,也可作为电子信息和自动化类专业学生的"C 与 C++ 语言程序设计"或"Arduino 程序设计与应用"课程的教材。

图书在版编目(CIP)数据

Arduino 程序设计与应用:基于 Wokwi 的虚拟仿真 / 刘安东,竺功财,倪洪杰编著. -- 北京:清华大学出版社,2025.8. -- (高等院校信息技术系列教材). -- ISBN 978-7-302-69887-6

Ⅰ. TP368.1

中国国家版本馆 CIP 数据核字第 2025KT5321 号

责任编辑:袁勤勇 薛 阳
封面设计:常雪影
责任校对:刘惠林
责任印制:曹婉颖

出版发行:清华大学出版社
    网   址:https://www.tup.com.cn,https://www.wqxuetang.com
    地   址:北京清华大学学研大厦 A 座   邮   编:100084
    社 总 机:010-83470000   邮   购:010-62786544
    投稿与读者服务:010-62776969,c-service@tup.tsinghua.edu.cn
    质量反馈:010-62772015,zhiliang@tup.tsinghua.edu.cn
    课件下载:https://www.tup.com.cn,010-83470236
印 装 者:三河市人民印务有限公司
经 销:全国新华书店
开 本:185mm×260mm   印 张:11.5   字   数:262 千字
版 次:2025 年 8 月第 1 版   印 次:2025 年 8 月第 1 次印刷
定 价:48.00 元

产品编号:107705-01

前言

在国际上,Arduino 几乎成为创客和硬件创新的代名词。创客运动的标志性事件之一是在 2005 年冬季诞生的第一块 Arduino 开发板。这块电路板瞬间引发了全球创客风潮,成为 21 世纪最重要的科技事件之一。

随后涌现的大量创客项目,涵盖机器人、无人机、智能家居控制、3D 打印等领域,主要以 Arduino 为原型或基础进行研发。基于 Arduino 电路的产业,如改进或兼容板以及服务创客从原型到批量生产的业务,在开源硬件潮流中蓬勃发展。在全球硬件创客的工具箱中,Arduino 已经连续十多年占据主导地位。

Arduino 最显著的贡献之一是为极为复杂难懂的电子制作提供了便捷工具:它将创客们最为头疼的电子电路和底层驱动库打包集成为黑箱,省略了与电路和硬件驱动相关的大部分操作,使得创客只须关注简单的控制逻辑。这种设计使得创客无须深入学习复杂的电子基础知识,也能轻松制作出高质量且可靠的电子创意产品,从而降低了重复劳动的需求。

本书特色

本书的编写目的是向对硬件开发感兴趣的非电子、机电类专业的大学生以及没有软件和硬件开发经验的初学者提供系统、完善的基础知识与开发教程。本书深入浅出地介绍 Arduino 软硬件的基础知识,无需实际的单片机开发板,在网页中即可完成学习。结合多个案例,详细介绍 Arduino 各个功能模块与相关类库,便于读者有针对性地学习和查阅。本书体系结构清晰,内容丰富,功能模块案例和综合案例相结合,使读者能够系统学习,并进一步提高开发能力。

如何阅读本书

本书包含的信息覆盖了较为丰富的 Arduino 功能,从基本概念和常见任务到高级技术,讲述 Wokwi 平台的基本使用方法、编程语言基础、平台相关传感器以及基于该平台进行自主开发的案例,由浅入深地带领读者在无需实际单片机开发板的基础上完成 Arduino 的学习。

本书共 6 章。第 1 章为初识 Wokwi,介绍 Wokwi 平台的来源,该平台元器件的基本介绍,演示如何使用 Wokwi 来创建、导入及运行工程文件,最后简单运行一个案例,带领读者初识平台。

第 2、3 章为基础编程语言介绍,内容包括 Arduino 语言、程序结构、C/C++ 语言基础以及相关扩展,并且介绍了一个基于 C++ 的经典案例——闹钟,为读者学习编程语言打下基础。

第 4 章为平台传感器介绍,列举了该平台的 7 种主要传感器,分析相应的工作场景,并提供一个运行案例,以仿真形式给予读者传感器实际简单工程应用的经验。

第 5、6 章为自主设计,一共有 11 个综合案例供读者学习。自主设计 Arduino 基本功能应用,例如基本通信、中断以及定时等,结合第 4 章传感器的综合设计案例,给读者提供了综合设计项目的参考,为以后设计基于 Arduino 的项目打下基础。

致谢

首先感谢 Wokwi 开发团队开源了整个项目,因为他们的无私,才有了本书的面世。同时还要感谢活跃在 Arduino 论坛上的所有开发人员,是他们的创新精神和辛勤努力才使这么多新奇的功能得以实现,使 Arduino 第三方类库不断完善,使 Arduino 不断向前发展。最后,感谢金哲豪、朱华中、杨毅镔以及孙宇豪等在本书编著过程中提供的帮助。

本书由刘安东、竺功财和倪洪杰编著,其中,第 4 章传感器部分由戴英明与俞博文协助编写。书中的不足与错误之处,敬请读者批评指正。

编　者
2025 年 1 月

目录

contents

第1章

初识 Wokwi

1.1 什么是 Wokwi

Wokwi 是一个在线电子电路仿真器。大家可以使用它模拟 Arduino、ESP32 和许多流行的电路板、元器件以及传感器相关的仿真工作,从而在没有实物的条件下学会电子设备的简单应用。与此同时,Wokwi 是基于网页的仿真环境,只须通过网络就可进行仿真工作。

接下来通过图 1-1 与图 1-2 所示的平台图片,对 Wokwi 进行简单的介绍;通过单击相关项目图片进入基于 Arduino 和 ESP32 的特色项目仿真环境,编写相关的单片机控制代码。

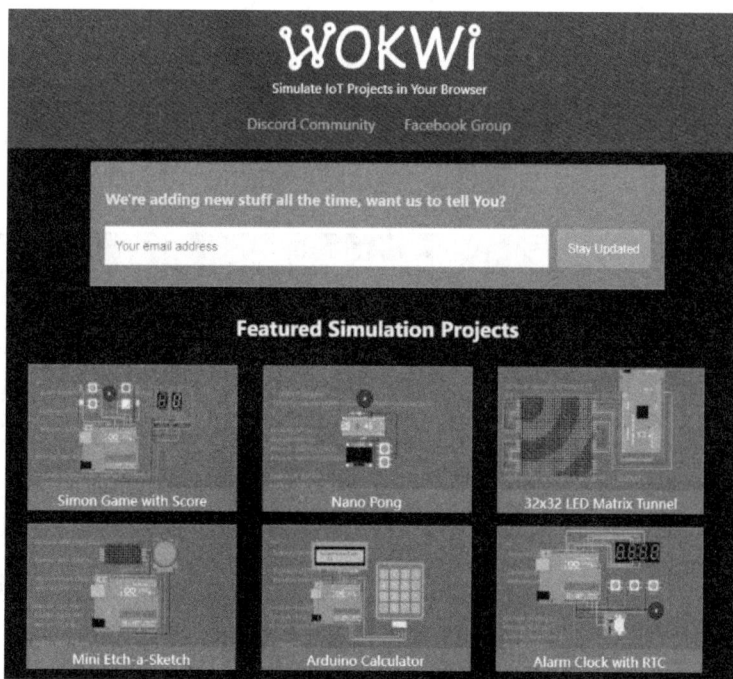

图 1-1　基于 Arduino 的仿真项目

图 1-2　基于 ESP32 的仿真项目

新手能够学习的快速入门项目如图 1-3 所示,可以单击项目图标,对其进行简单的学习;进而在认识了简单项目的基础上开发一个小项目,通过选择如图 1-4 所示的主控芯片来开启一个简易项目。

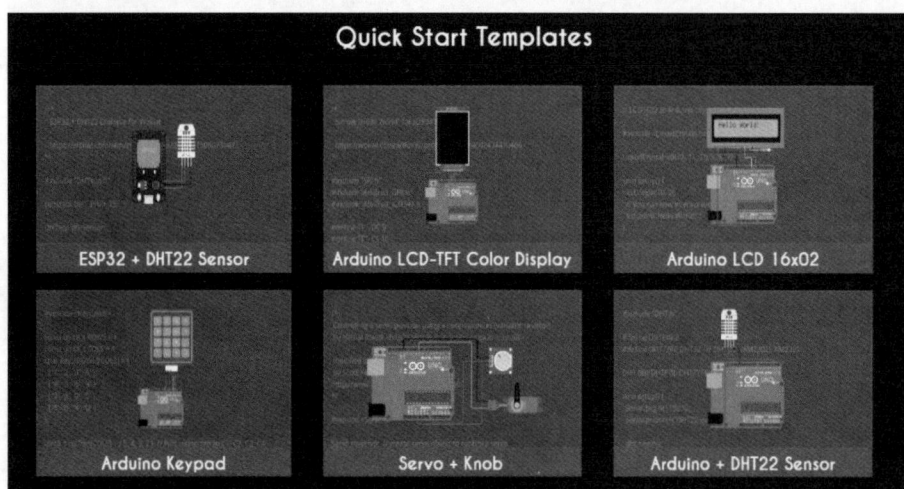

图 1-3　快速入门的项目

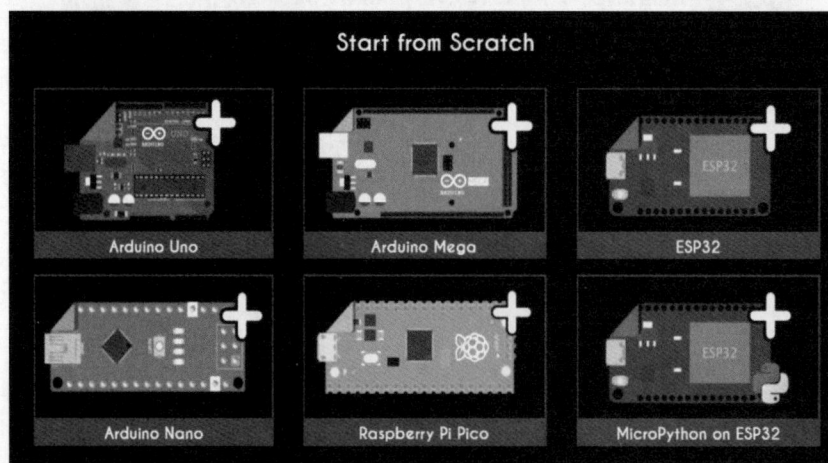

图 1-4　项目开发主控芯片选择

　　Wokwi 平台的组件编辑器通过以交互方式模拟元器件连接的方法来完成仿真界面的设计。可以在模拟器中添加模拟元器件(见图 1-5)或定义元器件之间的连接代码(见图 1-6),完成仿真界面的设计。

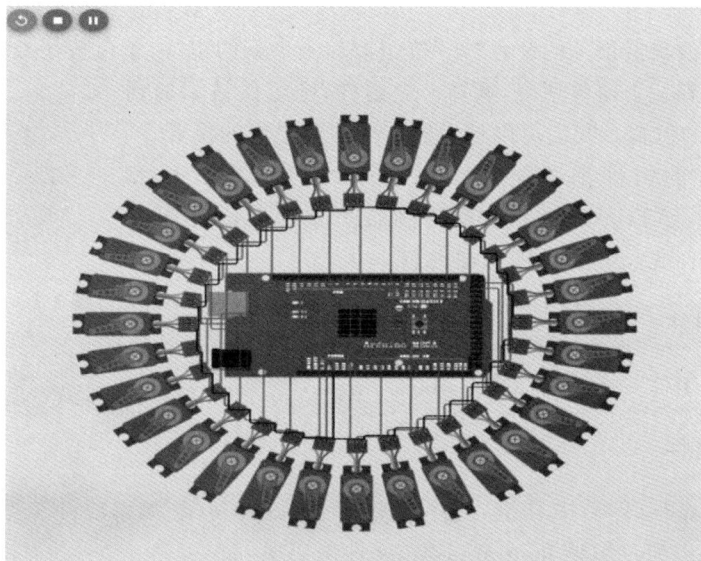

图 1-5　添加模拟元器件

图 1-6　定义元器件之间的连接代码

　　上面的内容笼统地讲述了 Wokwi 主页所包含的主要内容,使大家对 Wokwi 平台有一个初步的认识。接下来将介绍如何利用仿真平台进行高效开发,从而帮助读者深入地了解该仿真平台。

1.1.1　编辑组件

1. 添加组件

单击图表编辑器顶部的紫色"＋"按钮添加一个新的组件,紫色按钮如图 1-7 所示。

我们会看到一个组件列表,选择一个组件,则组件被添加到图表中的(0，0)位置。我们可以把元器件拖动到想要的位置。

不是所有的组件都会显示在列表中,例如 MCU 板和 Arduino Nano、ATtiny85 之类的微控制器就不会显示,但可以通过编辑 diagram.json 文件来添加它们。

图 1-7　器件添加按钮

2. 移动组件

单击一个组件并拖动鼠标来移动它。

3. 旋转组件

单击一个组件,然后按 R 键,组件会按顺时针旋转 90°。如果项目需要旋转别的角度(例如 45°),可以通过编辑 diagram.json 文件来实现。

4. 复制组件

通过单击组件(选择它)并按 D 键来创建新的副本,可以按几次 D 键来创建组件的多个副本。

5. 删除组件

单击一个组件,按 Delete 键可将其删除。

1.1.2　编辑连线

1. 在两个组件之间连线

项目要在两个组件之间创建新的连线,可单击一个需连接的起点引脚,再单击另一个目标引脚,就能在两个引脚之间连线。

如果项目需要让电线走特定的路线,可以在单击第一个引脚之后再单击屏幕上的其他位置来实现电线走特定路线。

如果项目要取消一个连线(在不选择目标引脚的情况下删除),可右击或者按 Esc 键。

2. 改变连线的颜色

连线的颜色是由引脚的功能自动决定的,从 GND 引脚起始的是黑色线,从 5V 引脚起始的是红色线,而其他的线都是绿色的。

我们可以通过单击线为其选择新颜色,还可以使用表 1-1 所示的键盘快捷键来设置线的颜色。

表 1-1　线颜色键盘快捷键

代　号	颜　色	代　号	颜　色
0	黑色	8	灰色
1	棕色	9	白色
2	红色	C	青色
3	橙色	L	嫩绿色
4	金色	M	紫红色
5	绿色	P	紫色
6	蓝色	Y	黄色
7	蓝紫色		

其中,键盘快捷键也可以在绘制新线时使用。大家也可以通过编辑 diagram.json 文件来改变线的颜色。

3. 删除连线

单击一条连线,按 Delete 键可删除它。

1.1.3　键盘快捷键说明

键盘快捷键说明如表 1-2 所示。

表 1-2　键盘快捷键说明

按　键	功　能
—	缩小
+	放大
F	适合窗口的图表(自动缩放)
D	对所选部件创建副本(复制)
R	旋转选中的组件
Delete	删除选中的组件
?	打开当前选中组件的说明文档
Escape	取消连线(在连线状态下)
G	切换网格
Shift	切换网格对齐模式
Alt	切换到精细网格对齐模式
Ctrl	切换到精细网格对齐模式

其中,对于火狐浏览器用户,如果键盘快捷键不起作用,请确保"开始键入时搜索文本"设置处于关闭状态。

1. 撤销/重做

我们可以通过切换到 diagram.json 标签页来执行撤销操作,在交互式编辑器中的任何操作都会立即反映到代码编辑器中,可以通过在代码编辑器中按 Ctrl+Z 组合键撤销操作。

其中,只有在切换到 diagram.json 标签页之后进行的元器件改变的操作才会被记录,从而在 diagram.json 中实现对操作的撤销。

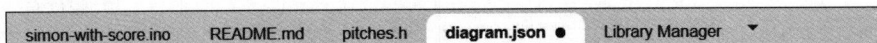

图 1-8　diagram.json 标签页图

2. 网格捕捉

按 G 键或单击菜单中的网格按钮可以激活网格视图,显示网格和标尺。大颗粒的网格是 2.54mm 或 0.1 英寸(1 英寸=2.54cm),精细网格(默认网格大小的一半)是 1.27mm 或 0.05 英寸。标尺上的刻度标签以毫米为单位(默认情况下),但可以通过单击右上角的单位切换到英寸。

利用 Shift 键能够在网格模式和自由模式之间临时切换。如果网格视图是开启的,那么按 Shift 键可以随意拖动组件并让它定位在任何位置(不依据网格对齐),如果网格视图是关闭的,那么按 Shift 键可以让组件按照网格对齐(固定在最近的网格点)。

无论网格视图是否开启,按 Alt 键和 Ctrl 键都可以临时切换到精细网格对齐(对齐到半个网格)。

网格对齐操作的效果对于组件和连线是相同的,Shift、Alt 和 Ctrl 键允许我们在任何状态下进行网格对齐操作。

当开始模拟时,Wokwi 会隐藏网格,停止模拟后网格恢复。

1.1.4　编辑器键盘快捷键

1. 一般快捷键

一般快捷键如表 1-3 所示。

表 1-3　一般快捷键

描　　述	Windows / Linux	macOS
启动模拟器	Ctrl + Enter	⌘ Enter
保存项目	Ctrl + S	⌘ S
代码格式化	Alt + Shift + F	⌥ ⇧ F

续表

描　　述	Windows / Linux	macOS
开/关代码自动补全	Ctrl ＋ Space	⌘ Space
显示所有命令列表	F1	F1
跳转到文件中的下个错误	F8	F8
跳转到文件中的上个错误	Shift ＋ F8	⇧ F8

2. 普通快捷键

普通快捷键如表 1-4 所示。

表 1-4　普通快捷键

描　　述	Windows / Linux	macOS
缩进*	Ctrl ＋]	⌘]
反向缩进*	Ctrl ＋ [	⌘ [
注释／取消注释*	Ctrl ＋ /	⌘ /
查找	Ctrl ＋ F	⌘ F
替换	Ctrl ＋ H	⌘ H

注意：如果选中了一部分代码，那么会在选中部分起作用而不是在当前行起作用。

3. 高级快捷键

高级快捷键提供强大的编辑操作，例如控制多行光标和选中部分，具体如表 1-5 所示。

表 1-5　高级快捷键

描　　述	Windows/ Linux	macOS
选中当前选中部分文字的下一处	Ctrl ＋ D	⌘ D
选中所有和当前选中文字相同的部分	Ctrl ＋ Shift ＋ L	⌘ ⇧ L
复制上一行*	Alt ＋ Shift ＋ Up	⌥ ⇧ Up
复制下一行*	Alt ＋ Shift ＋ Down	⌥ ⇧ Down
将当前行上移一行*	Alt ＋ Up	⌥ Up
将当前行下移一行*	Alt ＋ Down	⌥ Down
在上一行增加一个光标	Ctrl ＋ Alt ＋ Up	⌘ ⌥ Up
在下一行增加一个光标	Ctrl ＋ Alt ＋ Down	⌘ ⌥ Down
扩展选中区域	Alt ＋ Shift ＋ Right	⌥ ⇧ Right
缩小选中区域	Alt ＋ Shift ＋ Lcft	⌥ ⇧ Left

1.2　为什么使用 Wokwi 作为开发平台

1. 即刻开始

无须使用实际的元器件或下载大型软件，Wokwi 在线网站可以提供我们需要的一切！在这里可以在短时间内构建项目的下一个物联网项目。

2. 无须担心犯错误

经过实验测试可知，虚拟硬件是不会损坏的，所以不必担心元器件损坏的问题。Wokwi 平台与真正的硬件不同，在虚拟仿真过程中可以撤销错误操作，故有无数次重来的机会。

3. 寻找帮助和反馈非常简单

在虚拟仿真之中，只需要分享开发的 Wokwi 项目链接，就可以找专业人士求助。

4. 从项目的代码中获得信心

在虚拟仿真之中，Wokwi 平台实现了软件与硬件的分离，故开发者只须专注于软件层面的应用即可。

5. 不受约束的硬件

在 Wokwi 平台上能够摆脱从旧项目中拆除元器件的烦恼，消除项目花费与元器件库存的顾虑。

6. 交互的创客社区

Wokwi 平台提供了一个创客交流互动的博客区，在该社区中大家可以相互分享项目、寻求帮助以及获取创造灵感。

1.3　认识 Wokwi 仿真平台各类 Arduino 主控芯片

1.3.1　Arduino UNO 芯片介绍

如图 1-9 所示，Arduino UNO 是 Arduino 家族中最受欢迎的板卡，该控制板内置 USB 转串口电路，通过 USB 转串口芯片实现计算机主机与 Arduino 板载的 ATmega328 处理器的通信系统进行数据通信。

1. 电源（Power）

Arduino UNO 有三种供电方式。

图 1-9　Arduino UNO

- 通过 USB 接口供电，电压为 5V。
- 通过 DC 电源输入接口供电，电压要求为 7～12V。
- 通过电源接口处 5V 或者 VIN 端口供电，5V 端口处供电必须为 5V，VIN 端口处供电为 7～12V。

2. 指示灯（LED）

Arduino UNO 同时设计有多个小型 LED 指示灯，从而为项目的开发提供串口发送和接收灯光指示，以及一个额外的可控 LED 指示灯，便于测试使用，4 个 LED 灯的作用分别如下描述。

- ON，电源指示灯。当 Arduino 通电时，ON 灯点亮。
- TX，串口发送指示灯。当使用 USB 连接到计算机且 Arduino 向计算机传输数据时，TX 灯点亮。
- RX，串口接收指示灯。当使用 USB 连接到计算机且 Arduino 接收到计算机传来的数据时，RX 灯点亮。
- L，可编程控制指示灯。该 LED 通过特殊电路连接到 Arduino 的 13 号引脚，当 13 号引脚为高电平或高阻态时，该 LED 点亮；当为低电平时，该 LED 不亮。因此可以通过程序或者外部输入信号来控制该 LED 的亮灭。

3. 复位按键（Reset Button）

按下该复位按键可以使 Arduino 重新启动，从头开始运行程序。

4. 存储空间（Memory）

Arduino 的存储空间即其主控芯片所集成的存储空间。也可以通过使用外设芯片的方式来扩展 Arduino 的存储空间。Arduino UNO 的存储空间分以下三种。

- Flash，容量为 32KB。其中，0.5KB 作为 BOOT 区用于存储引导程序，实现通过串口下载程序的功能；另外的 31.5KB 作为用户存储程序的空间。相对于现在动辄几百 GB 的硬盘,大家可能觉得 32KB 太小,但是在单片机上,32KB 已经可以存储很大的程序了。

- SRAM,容量为 2KB。SRAM 相当于计算机的内存,当 CPU 进行运算时,需要在其中开辟一定的存储空间。当 Arduino 断电或复位后,其中的数据都会丢失。
- EEPROM,容量为 1KB。EEPROM 的全称为电可擦写的可编程只读存储器,是一种用户可更改的只读存储器,其特点是在 Arduino 断电或复位后,其中的数据不会丢失。

5. 输入输出端口(Input/Output Port)

Arduino 主要包括的接口有模拟量信号采集参考电压接口、PWM 脉宽信号输出接口、数字信号输入输出(I/O)接口以及串行数据通信接口。具体如下。

- UART 通信,为 0(RX)和 1(TX)引脚,用于接收和发送串口数据。这两个引脚通过连接到 USB 转串口芯片进行串口通信。
- 外部中断,为 2 和 3 引脚,可以输入外部中断信号。
- PWM 输出,为引脚 3、5、6、9、10 和 11,可用于输出 PWM 波。
- SPI 通信,为 10(SS)、11(MOSI)、12(MISO)和 13(SCK)引脚,可用于 SPI 通信。
- TWI 通信,为 A4(SDA)、A5(SCL)引脚和 TWI 接口,可用于 TWI 通信,兼容 I^2C 通信。
- AREF,模拟输入参考电压的输入端口。
- Reset,复位端口。接低电平会使 Arduino 复位。当复位键被按下时,会使该端口可以接到低电平,从而使 Arduino 复位。

6. UNO 的引脚、LED、时钟属性以及仿真功能列表总结

- 引脚 0~13 是数字 GPIO 引脚。引脚 A0~A5 除了是数字 GPIO 引脚外,还兼作模拟输入引脚。
- 有三个接地引脚:GND.1 在板的顶部,引脚 13 旁边;GND.2/GND.3 在底部。
- 引脚 VIN/5V 连接到正电源。
- 模拟中没有引脚 3.3V / IOREF / AREF / RESET。
- 数字引脚 3、5、6、9、10 和 11 支持硬件 PWM。

一些数字引脚还具有额外的功能,如表 1-6 所示。

表 1-6 数字引脚功能

引　脚	功　能	信　号	引　脚	功　能	信　号
0	串口接收	RX	11	SPI	片选
1	串口发送	TX	12	SPI	数据输入
2	外部中断	INT0	13	SPI	数据输出
3	外部中断	INT1	A4	I^2C	时钟信号
10	SPI	片选	A5	I^2C	时钟信号

板载 LED 功能总结如表 1-7 所示。

表 1-7   板载 LED 功能

LED	功　能
L	连接至数字引脚 13
RX	串口 RX 工作指示灯
TX	串口 TX 工作指示灯
ON	电源 LED。模拟运行时始终打开

一般来说,只有 L 的 LED 才能由用户的代码控制。我们可以使用 LED_BUILTIN 常量从代码中引用它,其中 LED 的控制代码如下:

```
pinMode(LED_BUILTIN, OUTPUT);
digitalWrite(LED_BUILTIN, HIGH);
```

许多 Arduino 库假设 16MHz 时钟频率如表 1-8 所示。更改时钟频率可能会使其功能失效。

表 1-8   时钟频率

名称	描　述	默认值
频率	MCU 时钟频率,以赫兹为单位。常见值为"8m""16m""20m" *	"16m"

Arduino UNO 使用 AVR8js Library 进行仿真。表 1-9 总结了现有的功能状态。

表 1-9   仿真功能

设　备	状　态	注意事项
中央处理器	√	
GPIO 口	√	包括外部中断
8 位定时器	√	定时器 0,定时器 2
16 位定时器	√	定时器 1
看门狗定时器	√	Usage example
USART 通信	√	
SPI 通信	◍	只支持主机模式
I2C 通信	◍	只支持主机模式
EEPROM	√	
时钟分频	√	

续表

设　备	状　态	注　意　事　项
ADC 转换	√	使用函数 analogRead( )
模拟比较器	×	
GDB 调试	√	看 GDB 调试指导

说明：√可仿真；▨可以仿真，但是要看注意事项；×不支持仿真。

1.3.2　Arduino MEGA 芯片介绍

Arduino MEGA 2560(见图 1-10)是一个增强型的 Arduino 控制器。相对于 UNO，它提供了更多的输入输出接口，可以控制更多的设备，并拥有更大的程序空间和内存，是完成中大型项目的较好选择。由 ATmega2560 芯片提供支持，该芯片拥有 256KB 的 Flash 程序内存、8KB 的 SRAM 和 4KB 的 EEPROM。该板具有 54 个数字引脚、16 个模拟输入引脚和 4 个串行端口。该芯片的时钟运行频率为 16MHz。

图 1-10　Arduino MEGA 2560

1. 引脚名称

- 引脚 0～53 是数字 GPIO 引脚。引脚 A0～A15 除了是数字 GPIO 引脚外，还兼作模拟输入引脚。
- 有 5 个接地引脚：GND.1(引脚 13 旁边)、GND.2/GND.3(VIN 引脚旁边)和 GND.4/GND.5(在双排母头连接器的底部)。
- 引脚 VIN/5V 连接到正电源。双排母头连接器顶部还有两个额外的电源引脚：5V.1/5V.2。
- 模拟中没有引脚 3.3V/IOREF/AREF/RESET。
- 数字引脚 2～13、44、45 和 46 支持硬件 PWM(共 15 个 PWM 通道)。

一些数字引脚还具有额外的功能，如表 1-10 所示。

表 1-10　引脚功能

引　　脚	功　　能	信　　号	外 部 中 断
0	Serial	RX	
1	Serial	TX	
2			INT4
3			INT5
19	Serial1	RX	INT2
18	Serial1	TX	INT3
17	Serial2	RX	
16	Serial2	TX	
15	Serial3	RX	
14	Serial3	TX	
20	I^2C	数据信号	INT1
21	I^2C	时钟信号	INT0
50	SPI	数据输出	
51	SPI	数据输入	
52	SPI	时钟信号	
53	SPI	片选信号	

2. 板载 LED

板载 LED 的功能如表 1-11 所示。

表 1-11　板载 LED 的功能

LED	功　　能
L	连接至数字引脚 13
RX	串口 RX 工作指示灯
TX	串口 TX 工作指示灯
ON	电源 LED。模拟运行时始终打开

其中,只有 L 的 LED 才能由用户的代码控制。我们可以使用 LED_BUILTIN 常量从代码中引用它:

```
pinMode(LED_BUILTIN, OUTPUT);
digitalWrite(LED_BUILTIN, HIGH);
```

3. 仿真功能

Arduino MEGA 2560 使用 AVR 8js Library 进行仿真。表 1-12 总结了现有功能的状态。

其中,看门狗定时器链接为 arduino-watchdog-timer.ino - Wokwi ESP32,STM32,Arduino Simulator。

表 1-12　仿真功能

设　备	状　态	注 意 事 项
中央处理器	√	
GPIO 口	√	包括外部中断
8 位定时器	√	定时器 0,定时器 2
16 位定时器	√	定时器 1,定时器 3,定时器 4,定时器 5
看门狗定时器	√	Usage example
USART 通信	√	USART0,USART1,USART2,USART3
SPI 通信	◯	只支持主机模式
I²C 通信	◯	只支持主机模式
EEPROM	√	
时钟分频	√	
ADC 转换	√	使用函数 analogRead()
模拟比较器	×	
GDB 调试	√	看 GDB 调试指导

说明: √ 可仿真; ◯ 可以仿真,但是要看注意事项; × 不支持仿真。

1.3.3　小型化的 Arduino Nano

Arduino Nano 如图 1-10 所示,与 Arduino UNO 非常相似,但外形较小。它携带相同的 ATmega328p 芯片,该芯片具有 32KB 的 Flash 程序内存、2KB 的 SRAM 和 1KB 的 EEPROM。

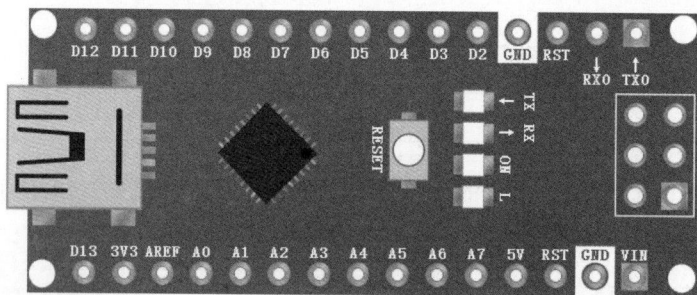

图 1-11　Arduino Nano

与 Arduino UNO 的区别:Arduino Nano 包括两个额外的模拟引脚:A6 和 A7。这些引脚只能用于模拟输入,不能用作数字 GPIO 引脚。

1.4　认识 Wokwi 仿真平台各类元器件

1.4.1　基本元器件

1. LED

1）引脚名称

引脚名称如表 1-13 所示。

表 1-13　LED 引脚名称

Name	Description
A	阳极（正引脚）
C	阴极（负引脚）

2）属性

LED 的相关属性如表 1-14 所示

表 1-14　LED 的相关属性

名　　称	描　　述	Default value
color	灯身的颜色	"red"
lightColor	光的颜色	depends on the color
label	显示在 LED 下方的文本	
gamma	伽马校正系数	"2.8"
flip	水平翻转 LED	""

注意：要旋转 LED，可单击它们并按 R 键，或设置 "rotate" property。其中，LED 属性在代码图 1-12 的 attrs 中进行相关的设置。

```
{
  "type": "wokwi-led",
  "id": "led1",
  "top": -122.29,
  "left": 107.78,
  "attrs": { "color": "white", "lightColor": "red", "label": "2.8", "flip": "" }
},
{
  "type": "wokwi-led",
  "id": "led2",
  "top": -111.07,
  "left": 185.81,
  "attrs": { "color": "white", "lightColor": "red", "label": "1.0", "gamma": "1.0" }
},
```

图 1-12　LED 属性代码图

3）仿真实例

LED 仿真界面如图 1-13 所示，通过 0～9 的图标可以进行相应的选择，单击由虚线与实线构成的图标可以使 LED 进行水平翻转。

图 1-13　LED 仿真界面图

2. 按钮

12mm 触觉开关按钮（初级按钮）。

1）引脚名称

引脚名称如表 1-15 所示。

表 1-15　引脚名称

Name	Description
1.l / 1.r	第一个触点（left / right）
2.l / 2.r	第二个触点（left / right）

按钮有两组引脚（触点）：1 和 2。当按下按钮时，会连接这两个触点，从而关闭电路。每个触点都有一个按钮左侧的引脚，另一个引脚位于按钮的右侧。因此，引脚 1.l 是第一次接触的左引脚，1.r 是第一次接触的右引脚。因为两者即使没有按下按钮，它们也会相互连接。

图 1-14　按钮内部的连接

图 1-14 说明了按钮内部的连接。

当按钮与 Arduino 配合工作时，其通常会连接一个接触点（例如 1.r 或 1.l）到数字引脚并配置那个引脚为 INPUT_PULLUP，另一个接触点（例如 2.r 或 2.l）连接到地面。当按下按钮时，数字引脚将读取为 LOW，不按下按钮时读取为 HIGH。

2）按钮属性

按钮属性如表 1-16 所示。

表 1-16　按钮属性

Name	Description	Default value
color	按下按钮的颜色	"red"
label	显示在按钮下方的文本	""
key	按钮的键盘快捷键	
bounce	设置为"0"以禁用反弹	""

3）定义键盘快捷键

我们可以使用"键"属性来定义按钮的键盘按键。

只有当模拟运行并且图表有焦点时，按键才处于活动状态。

例如，假设我们将"key"定义为"Q"。然后当运行模拟时，在键盘中按 Q 键将按下按钮。按钮将保持按下状态，只要项目继续按 Q 键，一旦松开键，该按钮就被释放。

项目可以定义任何字母数字键盘快捷键（例如英语字母和数字），对于字母，"key"的值不区分大小写（所以 q 和 Q 的意思相同）。

项目还可以针对特殊密钥，例如 Escape、ArrowUp、F8、空格或 PageDown，但一些键可能会被浏览器阻止（例如 F5 键刷新页面）。

请注意，特殊键名区分大小写，因此 Escape 将起作用，escape 不起作用。

对于 Firefox 用户，如果键盘快捷键不能用，请确保禁用"开始键入时搜索文本"设置。

4）弹跳

当按下物理按钮时，电路会打开和关闭数十次或数百次，这种现象称为弹跳。发生这种情况是因为按钮的机械性质：金属触点结合在一起时，会有一段过渡时间使得触点接触不充分，从而导致按钮多次快速地按下/释放。

Wokwi 默认模拟按钮弹跳。我们可以通过以下方式禁用弹跳模拟"bounce"至 "0"：

```
{ "bounce": "0" }
```

5）保持

如果项目希望该按钮保持按下状态，请按住 Ctrl 键单击按钮（在 macOS 上按住 Cmd 键单击）。按钮将保持按下状态，直到下次单击。

如果项目需要同时按下多个按钮，保持特性将起到关键的作用。

6）示例

将按钮导入仿真界面，如图 1-15 所示，我们通过选择 0～6 图标来设置按钮的颜色；在带有键盘的图标中选择对应的快捷键；通过对 Bounce 旁边的勾选框来设置按钮是否有弹跳属性。

图 1-15 按钮仿真界面

3. 电阻

电阻值大小的设置可以通过修改 diagram.json 中的相关代码来实现，如图 1-16 所示，通过修改 top、left 以及 attrs 来设置电阻的位置以及阻值的大小。

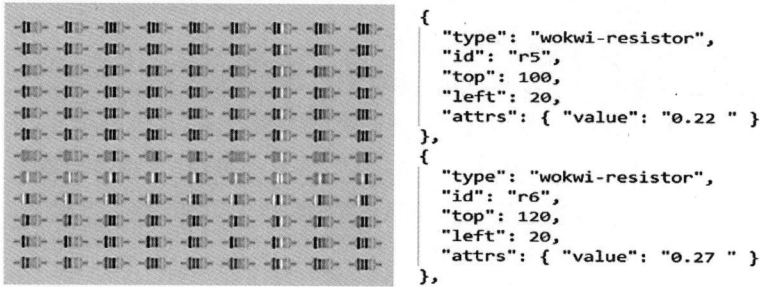

```
{
  "type": "wokwi-resistor",
  "id": "r5",
  "top": 100,
  "left": 20,
  "attrs": { "value": "0.22 " }
},
{
  "type": "wokwi-resistor",
  "id": "r6",
  "top": 120,
  "left": 20,
  "attrs": { "value": "0.27 " }
},
```

图 1-16　电阻图像与属性仿真界面

1.4.2　显示元器件

1. RGB LED

5mm 红色、绿色和蓝色(RGB)LED。

1)引脚名称

RGB 的 LED 引脚介绍如表 1-17 所示。

表 1-17　RGB 引脚介绍

名　称	描　述
R	Red LED
G	Green LED
B	Blue LED
COM	Common pin *

其中,默认情况下,公共引脚是阳极(anode)。我们可以通过将"通用"属性设置为 cathode 来更改它。

2)属性

RGB 的 common 引脚如表 1-18 所示,具有共阴极与共阳极的特点。

表 1-18　RGB 的 common 引脚

名称	描　述	默认属性
common	常见的引脚类型："cathode"或"anode"	"anode"

3)示例

RGB LED 仿真示例与对应属性代码如图 1-17 所示。

2. LCD 16X2

带有 2 行字符的液晶显示器,每行 16 个字符。

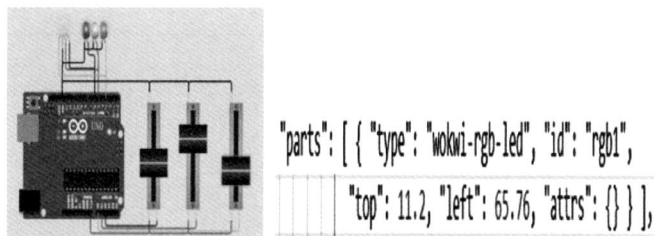

图 1-17　RGB LED 仿真示例

1）引脚名称

LCD 1602 有两种可能的配置：I²C 配置和标准配置。I²C 配置通常使用起来更简单。

表 1-19 总结了两者的主要差异。

表 1-19　LCD 1602 的 I²C 配置和标准配置的差异

内　　容	标　准　库	I²C 配置
Number of Arduino I/O pins	7 *	2（SCL）/SDA
背光控制	Optional	Yes
库名称	LiquidCrystal	LiquidCrystal_I2C

其中，控制背光灯需要另一个 I/O 引脚。

我们可以通过设置 pins 属性来选择所需的配置。对于 I²C 配置，将其设置为"i2c"，对于标准配置（默认配置）将其设置为"full"。

2）I²C 配置如表 1-20 所示。

表 1-20　I²C 配置

名　　称	描　　述
GND	接地
VCC	供电
SDA	I²C 数据线
SCL	I²C 时钟线

LCD 1602 模块的默认 I²C 地址为 0x27。

注意：I²C 配置模拟了控制 LCD 模块的 PCF8574T 芯片。通常，大家不必担心这一点，因为 LiquidCrystal_I2C 库负责与芯片的通信。

3）标准配置

LCD 1602 模块的接地、供电、读写、数据以及背光阴阳极的设置如表 1-21 所示。

表 1-21 标准配置引脚介绍

名 称	描 述	Arduino 引脚
VSS	接地	GND.1
VDD	供电	5V
V0	对比度调整（未模拟）	
RS	命令/数据选择	12
RW	读/写接地	GND.1
E	使能	11
D0	并行数据 0（可选）†	
D1	并行数据 1（可选）†	
D2	并行数据 2（可选）†	
D3	并行数据 3（可选）†	
D4	并行数据 4	10
D5	并行数据 5	9
D6	并行数据 6	8
D7	并行数据 7	7
A	背光阳极	5V / 6‡
K	背光阴极	GND.1

以上只是示例引脚编号，它们不是强制性的。我们可以使用任何其他数字模拟引脚，但请务必相应地更新代码！

通常，我们将在 4 位并行模式下配置芯片，这意味着大家只需要将 RS、E、D4、D5、D6 和 D7 引脚连接到 Arduino。

如果需要控制背光灯，可将阳极连接到 I/O 引脚。否则，将其连接到电源电压。对于一个真正的电路，项目也会需要一个限流电阻，但我们可以在模拟环境中不接它。

4）属性

LCD 1602 模块的 I^2C 地址、文本颜色、背光颜色的属性设置如表 1-22 所示。

表 1-22 I^2C 引脚介绍

名 称	描 述	默 认 值
pins	对于 I^2C 配置，设置为"i2c"	"full"
i2c-address	I^2C 地址（I^2C 配置）	"0x27"
color	文本的颜色	"黑色"
background	背光颜色	"绿色"

5）示例

LCD 1602 模块仿真示例如图 1-18 所示，演示了不同属性设置的 LCD 1602。

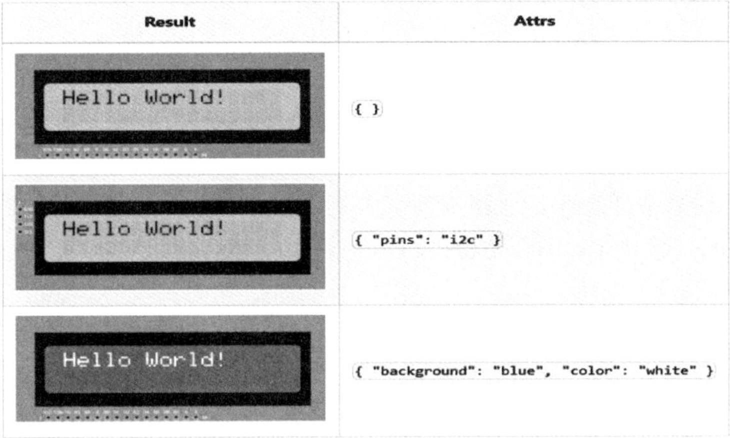

Result	Attrs
Hello World!	{ }
Hello World!	{ "pins": "i2c" }
Hello World!	{ "background": "blue", "color": "white" }

图 1-18　LCD 1602 模块仿真示例

3. LED 点阵

带 MAX7219 控制器的 8×8 LED 点阵。

1）引脚名称

引脚名称如表 1-23 所示。

表 1-23　LED 点阵引脚名称

Name	Description	Name	Description
VCC	供电	CS	片选
GND	地	CLK	时钟输入
DIN	数据输入	DOUT	数据输出

2）属性

属性如表 1-24 所示。

表 1-24　LED 点阵属性

名　　称	描　　述	默　认　值
链	链在一起需要多少个单元	"1"
颜色	LED 颜色（点亮时）	"red"
布局	矩阵连接布局："parola" or "fc16"	"parola"

3）链（chain）

每个点阵单元都是一个 8×8 的 LED 矩阵。矩阵中所有的 LED 颜色相同。我们可以通过设置"链式"属性来扩大显示范围。例如，将 chain 设置为 4 则在水平方向上连接 4 个点矩阵单元,从而产生由 4 个 8×8 的 LED 矩阵拼接而成 32×8 的 LED 矩阵,如图 1-21 所示。

如果想以自定义方式连接单元(例如为每个单元选择不同的像素颜色,垂直链条等),可将一个单元的 DOUT 引脚连接到下一个单元的 DIN 引脚。还需要将设备的 CLK/CS 引脚连接在一起。

4)矩阵布局(layout)

根据常用模块,有几种类型的矩阵布局。我们可以设置"layout"属性来选择所需的像素布局。

parola 模块通常是预组装的,并带有微控制器接口,设计上更注重即插即用的特性。其中,使用 parola 模块布局的初始化代码如下所示:

```
MD_MAX72XX mx = MD_MAX72XX(MD_MAX72XX::FC16_HW,CS_PIN, MAX_DEVICES);
```

其中,模拟仿真中默认为 parola 布局,如图 1-19 所示。

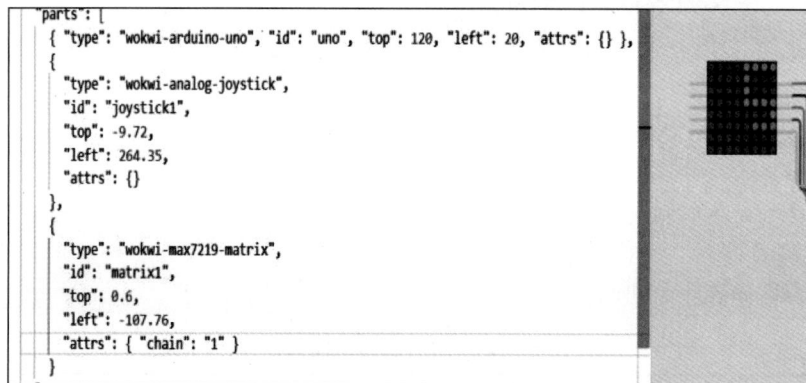

图 1-19　parola 布局

"fc16"-FC-16 模块可从 eBay 和 AliExpress 获得。它们通常由 4 个 8×8 的矩阵组成,因此它们总共有 32×8 像素,使用该布局的初始化代码如下所示:

```
MD_MAX72XX mx = MD_MAX72XX(MD_MAX72XX::PAROLA_HW,CS_PIN, MAX_DEVICES);
```

其中,模拟仿真中将矩阵布局设置为 fc16 布局,如图 1-20 所示,即每个单元的组成为 32×8 像素,图 1-20 中一共使用了 4 个单元。

选择错误的布局将导致文本/绘图被旋转和/或镜像。

5)示例

MAX7219 控制器的 8×8 LED 点阵的仿真演示演示了不同的属性设置的 LED,如图 1-21 所示。

4.7 段数码管

7 段 LED 显示屏。

1)引脚名称

7 段 LED 显示屏的各个引脚的对应关系如表 1-25 所示。

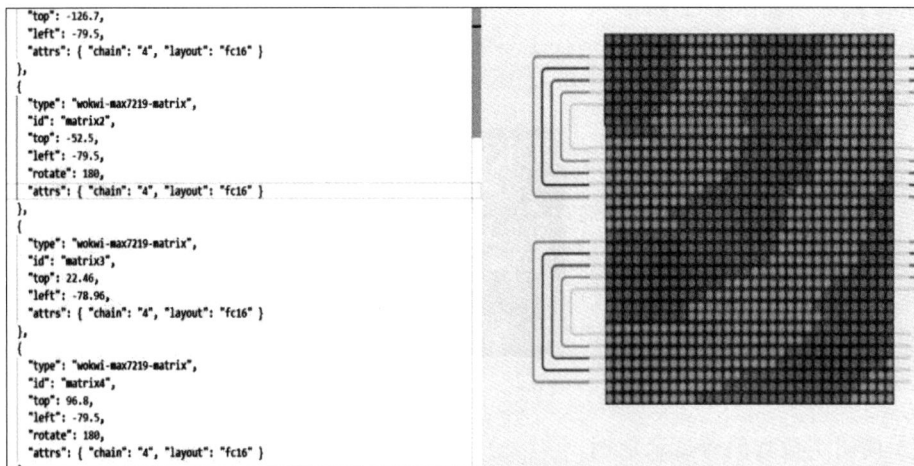

图 1-20　fc16 布局

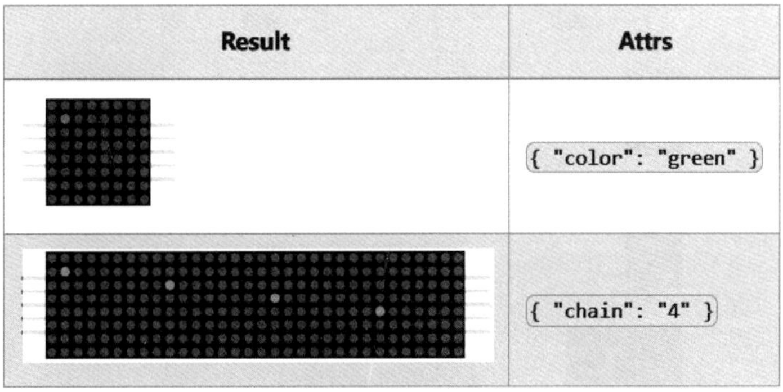

Result	Attrs
	`{ "color": "green" }`
	`{ "chain": "4" }`

图 1-21　LED 点阵

表 1-25　7 段 LED 引脚

名　　称	描　　述	名　　称	描　　述
A	顶部段	DP	点 LED
B	上部右段	COM	公共端 *
C	底部右段	DIG1	数字 1 引脚 *
D	底部段	DIG2	数字 2 引脚 *
E	底部左段	DIG3	数字 3 引脚 *
F	上部右段	DIG4	数字 4 引脚 *
G	中段	CLN	冒号引脚（可选）

　　COM 是单个数字 7 段显示器的常见引脚。对于多位显示器，可使用 DIG1～DIG4。

　　默认情况下，段引脚（A～G、DP、CLN）连接到 LED 的阳极（正侧），并且普通引脚（COM，DIG1～DIG4）连接到 LED 的阴极（负侧）。我们可以设置"common"属性为"cathode"来翻转。

分段映射图如图 1-22 所示。

分位映射图如图 1-23 所示。

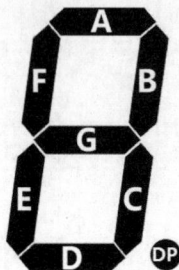

图 1-22　分段映射图

图 1-23　分位映射图

2）使用 7 段数码管显示示例

7 段 LED 显示屏的仿真演示了不同的属性设置的 7 段 LED 显示屏，如图 1-24 所示。

结果	属性
	{ "color": "green" }
	{ "color": "#d040d0" }
	{ "digits": "2" }
	{ "digits": "4" }
	{ "digits": "4", "colon": "1" }

图 1-24　7 段 LED 显示屏

对于一个数字，我们需要 8 个微控制器 GPIO 引脚。每个引脚都应该通过电阻器连接到单个段，公共引脚应连接到 5V（如果使用的是共用阴极，则连接到 GND）。如果项目不使用点 LED，可以空出一个引脚（DP）。通过打开相应驱动段来显示，低有效（或者共阴极为高有效）。

对于多个数字，我们需要为段和点添加 8 个微控制器引脚，并为每个数字加一个额外的微控制器引脚。因此，如果有 4 位数字，则总共需要 12 个微控制器引脚。在这个模式下控制显示有点棘手，因为我们需要在不同的数字之间不断交替。

不过，可通过使用 SevSeg 库来减少数码管需多个引脚控制的不便之处，具体使用库的状况如图 1-25 所示。

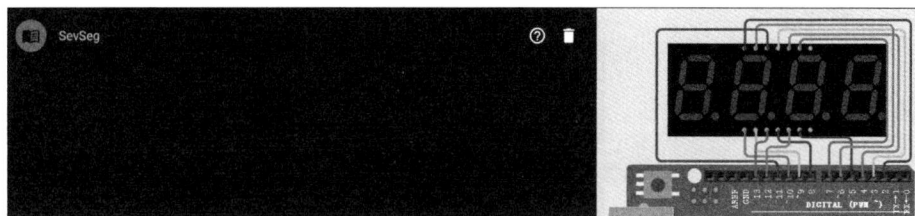

图 1-25　SevSeg 库调用

5. LED 灯条

1）引脚名称

引脚的正负极属性如表 1-26 所示。

表 1-26　引脚的正负极

名　　称	描　　述
An	LED 的阳极（正引脚）n（n = 1～10）
Cn	LED 的阴极（负引脚）n（n = 1～10）

例如 A1 是顶部 LED 的阳极，C1 是顶部 LED 的阴极，如图 1-26 所示。

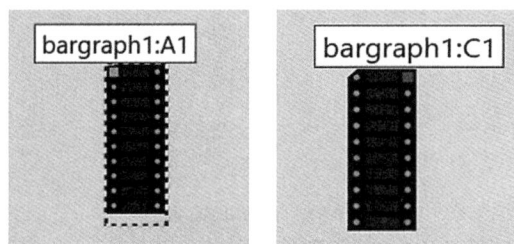

图 1-26　LED 灯条

2）属性

仿真属性如表 1-27 所示。

表 1-27　仿真属性

Name	Description	Default value
color	LED 主体的颜色，或特殊值"GYR"/"BCYR"之一 *	"red"

其中，GYR 的意思是绿色—黄色—红色。BCYR 的意思是青蓝色—黄色—红色。

3）示例

10 段 LED 条形图的仿真演示了不同的属性设置的 7 段 LED 显示屏，如图 1-27 所示。

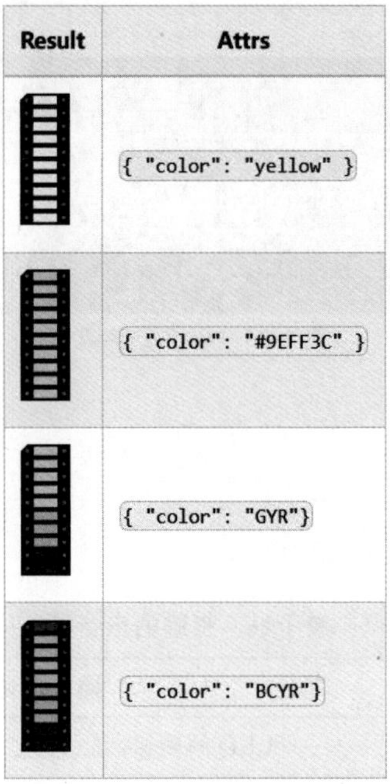

Result	Attrs
	{ "color": "yellow" }
	{ "color": "#9EFF3C" }
	{ "color": "GYR"}
	{ "color": "BCYR"}

图 1-27　10 段 LED 条形图仿真演示

1.4.3　输入元器件

1. 滑动开关

1）引脚名称

引脚名称对应的描述如表 1-28 所示。

表 1-28　滑动开关名称

名　　　称	描　　　述
1	左端子
2	中间端子
3	右端子

滑动开关有三个引脚，其中引脚 2（中间）是最常见的。根据在不同开关的手柄中的位置，它连接到引脚 1 或 3。

把手位置与引脚位置对应的描述如表 1-29 所示。

表 1-29　滑动开关位置

把 手 位 置	描　　　述
左边	P1 和 P2
右边	P1 和 P3

图 1-28 说明了滑动开关内部的连接。可以看到灰色的滑动开关与手柄一起移动并在引脚 2 和引脚 1 或 3 之间建立连接的触点。

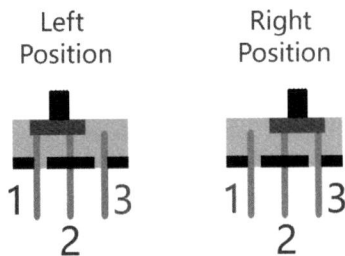

图 1-28　滑动开关内部连接图

2）属性

滑动开关的内部属性如表 1-30 所示。

表 1-30　滑动开关的内部属性

名　　称	描　　述	默　认　值
value	滑动开关的初始位置："" for left, "1" for right	""
bounce	设置为"0"以禁用反弹	""

3）弹跳

当我们移动物理滑动开关时，电路会打开和关闭数十次或数百次，这种现象被称为Bouncing。

Wokwi 默认模拟开启反弹，大家可以通过将单个开关的"bounce"设置为"0"来禁用：{ "bounce"："0" }。

4）仿真示例

通过滑动开关来控制 LED 亮灭的仿真示例如图 1-29 所示。

图 1-29　滑动开关控制 LED 亮灭的仿真示例

2. 矩阵按键

标准的 4×4 键盘，非常适合数字输入，例如安全密码。

1）引脚名称

引脚的名称、描述以及案例使用引脚的对应关系如表 1-31 所示。

表 1-31　矩阵按键引脚

名　　称	描　　述	案例使用引脚
R1	Row 1 (top row)	9
R2	Row 2	8
R3	Row 3	7
R4	Row 4 (bottom row)	6
C1	Column 1 (left)	5
C2	Column 2	4
C3	Column 3	3
C4	Column 4 (right)	2

注：这些只是下面代码示例中使用的 Arduino UNO 引脚编号。我们可以使用任何输入数字输入引脚。

2）属性

矩阵按键相关属性的设置如表 1-32 所示。

表 1-32　矩阵按键相关属性

名　　称	描　　述	默　认　值
columns	列数："3" or "4"	"4"
keys	按键的标签	["1", "2", "3", "A", "4", "5", "6", "B", "7", "8", "9", "C", "*", "0", "#", "D"]

我们可以根据需要更改关键标签。数组中的前 4 个项目设置了第一行键的标签，下一个 4 个项目设置第二行键的标签等。

矩阵按键支持 Unicode 字符，因此我们可以使用特殊字符、重音字母、上标/下标（例如 Xn 或 A1），甚至表情符号。

3）示例

矩阵按键的仿真演示了不同的属性设置的矩阵按键，如图 1-30 所示。

3. 旋钮控制可变电阻

1）引脚名称

旋钮控制可变电阻引脚名称如表 1-33 所示。

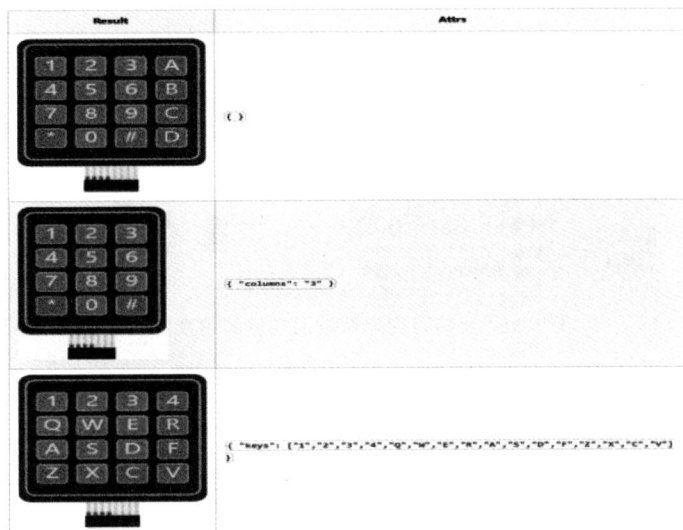

图 1-30　矩阵按键的仿真

表 1-33　旋钮控制可变电阻引脚

名　　称	描　　述
GND	Ground
SIG	Output，connect to an analog input pin
VCC	Supply voltage

注意：Wokwi 不支持完整的模拟仿真，因此大家将获得相同的结果，即使大家没有连接 GND/VCC 引脚。

这在实际工作中可能会不同，无论如何，连接 GND/VCC 是必要的。

2）属性

旋钮可变电阻的属性如表 1-34 所示。

表 1-34　旋钮可变电阻的属性

名　　称	描　　述	默　认　值
value	电位器的初始值，为 0～1023	"0"

3）键盘控制

我们可以使用键盘控制电位器：

- 左/右——精细运动。
- 上页/下页——粗略的移动。
- 主页/结束——移动到范围的开始(0)或结束(1023)。

在使用这些键盘快捷键之前，我们需要单击电位器。

4）仿真示例

旋转可变电阻控制舵机的仿真示例如图 1-31 所示。

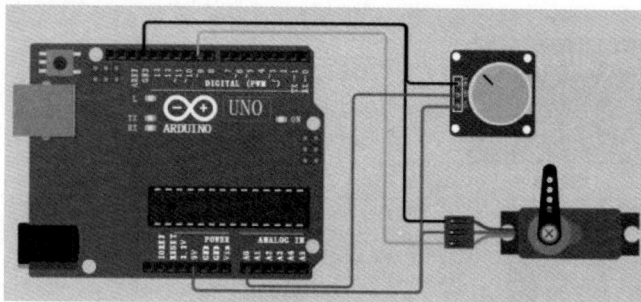

图 1-31　旋转可变电阻控制舵机的仿真示例

4. 滑动可变电阻器

滑动可变电阻(线性电位器)。

1) 属性

滑动可变电阻的属性如表 1-35 所示。

表 1-35　滑动可变电阻的属性

名　称	描　述	默　认　值
value	电位器的初始值,为 0~1023	"0"
travelLength	尖端的行程长度(mm),控制电位器的宽度 常用值:"15"、"20"、"30"、"45"、"60"、"100"	"30"

2) 示例

滑动可变电阻的仿真演示了不同的属性设置的滑动可变电阻,如图 1-32 所示。

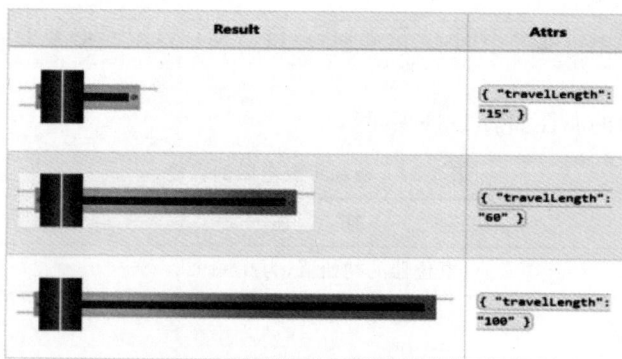

图 1-32　滑动可变电阻的仿真

1.4.4　传感元器件

1. HC-SR04 超声波距离传感器

HC-SR04 超声波距离传感器如图 1-33 所示。

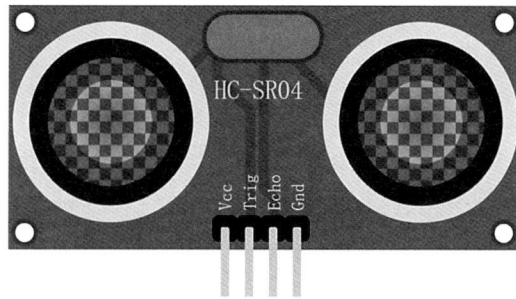

图 1-33　HC-SR04 超声波距离传感器

1）引脚名称

HC-SR04 传感器引脚介绍如表 1-36 所示。

表 1-36　HC-SR04 传感器引脚

名　称	描　述
VCC	Voltage supply（5V）
TRIG	脉冲开始测量
ECHO	测量高脉冲长度以获得距离
GND	Ground

2）属性

传感器的测距属性如表 1-37 所示。

表 1-37　传感器的测距属性

名　称	描　述	默　认　值
距离	初始距离值（cm）	"400"

3）工作方式

要开始新的距离测量，可将 TRIG 引脚设置为高电平的时间大于或等于 $10\mu s$。然后等到 ECHO 引脚变高，并计算它保持高的时间（脉冲长度）。ECHO 高脉冲的长度与距离成正比。其中，ECHO 脉冲长度和距离的关系如表 1-38 所示。

表 1-38　将 ECHO 脉冲长度（μs）转换为厘米/英寸

单　位	距　离
Centimeters	脉冲长度 / 58
Inches	脉冲长度 / 148

4）设置距离

要在模拟运行时更改距离，可单击图表中的 HC-SR04 图并使用滑块设置距离值，可以选择 2～400cm 的任何值。

5）参考代码

```
#define PIN_TRIG 3          //将 3 宏定义成 PIN_TRIG
#define PIN_ECHO 2          //将 2 宏定义成 PIN_ECHO
void setup()
{
//将串口与端口进行初始化
Serial.begin(115200);
pinMode(PIN_TRIG, OUTPUT);
pinMode(PIN_ECHO, INPUT);
}
void loop()
{//重新开始一个测量
digitalWrite(PIN_TRIG, HIGH);
delayMicroseconds(10);
digitalWrite(PIN_TRIG, LOW);
//读取测量结果
int duration = pulseIn(PIN_ECHO, HIGH);
Serial.print("Distance in CM: ");
Serial.println(duration / 58);
Serial.print("Distance in inches: ");
Serial.println(duration / 148);
delay(1000);
}
```

6）仿真示例

基于超声波传感器的距离报警系统的仿真如图 1-34 所示。

2. 被动红外（PIR）运动传感器

被动红外（PIR）运动传感器如图 1-35 所示。

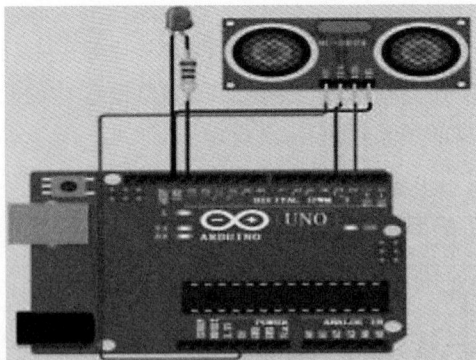

图 1-34　距离报警系统的仿真

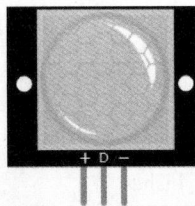

图 1-35　被动红外运动传感器

1）引脚名称

被动红外运动传感器的引脚如表 1-39 所示。

表 1-39　被动红外运动传感器的引脚

名　　称	描　　述
GND	Ground(－)
OUT	Output (D)
VCC	Voltage(＋)

2) 属性

被动红外运动传感器的属性如表 1-40 所示。

表 1-40　被动红外运动传感器的属性

名　　称	描　　述	默认属性
delayTime	OUT 引脚保持高电平的时间	"5"
inhibitTime	当 OUT 恢复到低电平时,传感器将忽略运动的秒数	"1.2"
retrigger	设置为"0"以禁用重新触发	""

3) 使用传感器

要触发 PIR 运动传感器:

(1) 通过单击传感器(在模拟运行时)来选择传感器。

(2) 打开一个小的弹出窗口,单击"模拟运动"按钮。

触发传感器使 OUT 引脚产生 5s 高电平,然后又变低(延迟时间)。在接下来的 1.2s (抑制时间),传感器将忽略任何进一步的输入,然后再次开始感应运动。

我们可以通过设置延迟时间来调整 OUT 引脚的高持续时间属性(在物理传感器上,我们使用电位器设置延迟)。

传感器的默认设置是重新触发:当 OUT 引脚为高时,传感器会继续检查运动。每次检测到另一个运动事件时,它都会延长延迟时间。我们可以通过将 retrigger 属性设置为"0"来禁用此行为。

4) 仿真示例

基于运动传感器的检测仿真系统如图 1-36 所示。

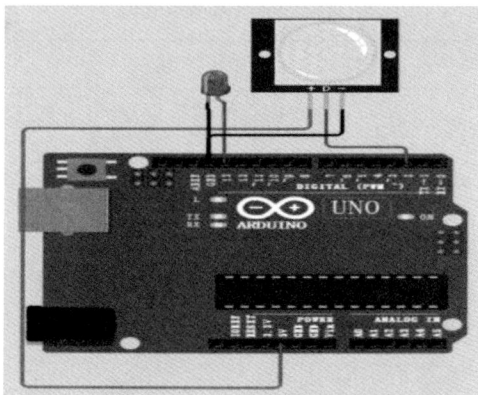

图 1-36　检测仿真系统

3. 数字湿度和温度传感器

数字湿度和温度传感器如图 1-37 所示。引脚从左到右排序为 VCC、SDA、NC、GND。

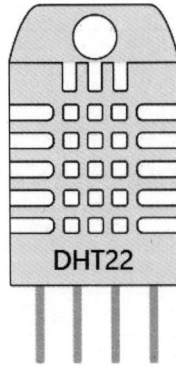

图 1-37   数字湿度和温度传感器

1) 引脚名称

数字湿度和温度传感器引脚如表 1-41 所示。

表 1-41   温湿度传感器引脚

名　　称	描　　述
VCC	Positive voltage
SDA	数字数据引脚（输入输出）
NC	Not connected
GND	Ground

2) 属性

数字湿度和温度传感器的值如表 1-42 所示。

表 1-42   传感器温湿度值

名　　称	描　　述	默认值
temperature	初始温度值（摄氏度）	"24"
humidity	初始相对湿度值（百分比）	"40"

3) 控制温度

我们可以在模拟运行期间更改温度和湿度值。单击 DHT22 传感器，将打开一个小的弹出窗口。使用温度和湿度滑块来改变值。单击"隐藏"按钮可以关闭弹出窗口。

4) 仿真示例

基于数字湿度和温度传感器的温湿度检测仿真系统如图 1-38 所示。

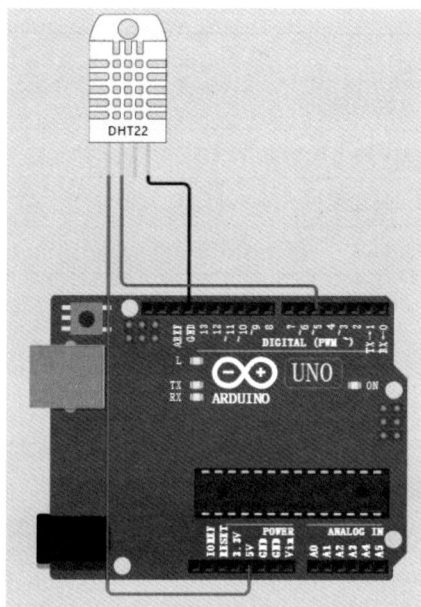

图 1-38　数字湿度和温度传感器的温湿度检测仿真系统

4. 光电阻(LDR)传感器模块

光电阻(LDR)传感器模块如图 1-39 所示。

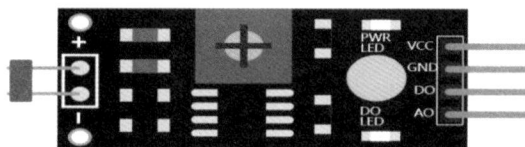

图 1-39　光电阻(LDR)传感器模块

1) 引脚名称

LDR 传感器引脚介绍如表 1-43 所示。

表 1-43　LDR 传感器引脚

名　　称	描　　述
VCC	Positive power supply
GND	Ground
DO	Digital output
AO	Analog output

2) 属性

LDR 的属性如表 1-44 所示。

表 1-44 LDR 属性

名　　　称	描　　　述	默　认　值
lux	初始光值(lux)	"500"
threshold	数字输出阈值电压	"2.5"
rl10	LDR 电阻@ 10lux(以 kΩ 为单位)	"50"
gamma	log(R) / log(lux)图的斜率	"0.7"

3) 工作方式

光电阻传感器模块包括一个 LDR(光依赖电阻)和一个 10kΩ 电阻串联。A0 引脚连接在 LDR 和 10kΩ 电阻之间。

A0 引脚上的电压取决于照明——即落在传感器上的光量。我们可以通过将光电阻传感器的 A0 引脚连接到模拟输入引脚,然后使用 analogRead()函数读取此电压。

有两个参数控制 LDR 的灵敏度:rl10 和 γ。rl10 是 LDR 在 10lux 照明水平上的电阻。γ 决定了 log(R) / log(lux)图的斜率。我们通常可以在 LDR 的数据表中找到这两个值。

表 1-45 显示了当 gamma＝0.7 和 rl10＝50(默认值)时,照度(lux)、电阻(R)和 A0 引脚上的电压电平之间的关系。

表 1-45 光照条件

条　　　件	照明电平/lux	LDR 电阻	电压/V	模拟量电压读取
满月	0.1	1.25MΩ	4.96	1016
暮色深沉	1	250kΩ	4.81	985
暮光	10	50kΩ	4.17	853
计算机屏幕亮度	50	16.2kΩ	3.09	633
楼梯照明	100	9.98kΩ	2.50	511
办公室照明	400	3.78kΩ	1.37	281
阴天	1000	1.99kΩ	0.83	170
全天候	10000	397Ω	0.19	39
阳光直射	100000	79Ω	0.04	8

以下代码将 analogRead()函数的返回值转换为照明值(lux):

```
//这些常数应与光刻胶的"伽马"和"rl10"属性相匹配
const float GAMMA = 0.7;
const float RL10 = 50;
//将 analogRead()函数的返回值转换为照明值(lux)
int analogValue = analogRead(A0);
float voltage = analogValue / 1024. * 5;
float resistance = 2000 * voltage / (1 - voltage / 5);
```

```
float lux = pow(RL10 * 1e3 * pow(10, GAMMA) / resistance, (1 / GAMMA));
```

4）数字输出

数字输出（"D0"）引脚在黑暗时会很高,在有光时会变低。在物理传感器上,我们可以调整车载小电位器以设置阈值。在模拟器中,使用"阈值"属性来设置阈值电压。默认阈值为 2.5V,或约 100lux。

底部 LED（"D0 LED"）连接到数字输出,每当 D0 引脚低时都会亮起。换句话说,当传感器被照亮时,它会发光。

5）仿真示例

基于 LDR 传感器的检测仿真系统如图 1-40 所示。

图 1-40　基于 LDR 传感器的检测仿真系统

5. 带 3 轴加速度计、3 轴陀螺仪和带 I²C 接口的温度传感器的集成传感器

带 3 轴加速度计、3 轴陀螺仪和带 I^2C 接口的温度传感器的集成传感器如图 1-41 所示。

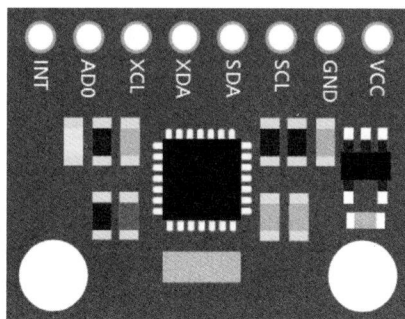

图 1-41　3 轴角度传感器

1）引脚名称

加速度传感器的各引脚描述如表 1-46 所示。

表 1-46　加速度传感器引脚

名　称	描　述
VCC	供电
GND	地
SCL	I^{2}C 时钟线
SDA	I^{2}C 数据线
XDA	未使用
XCL	未使用
AD0	地址片选引脚
INT	中断

未使用的引脚目前没有在模拟器中实现。

我们通常只需要连接 VCC、GND、SCL 和 SDA 引脚。设备的 I^{2}C 地址是 0x68。可以通过将 AD0 引脚连接到 VCC 来更改 0x69 的地址。

2）属性

陀螺仪的属性如表 1-47 所示。

表 1-47　陀螺仪的属性

名　称	描　述	默　认　值
X 轴加速度	初始 x 加速度值/g	"0"
Y 轴加速度	初始 y 加速度值/g	"0"
Z 轴加速度	初始 z 加速度值/g	"1"
X 轴旋转角	初始 x 旋转值/(度/秒)	"0"
Y 轴旋转角	初始 y 旋转值/(度/秒)	"0"
Z 轴旋转角	初始 z 旋转值/(度/秒)	"0"
温度	初始温度值/℃	"24"

3）单位

所有加速度值(x/y/z)的单位都使用 g，其中 $1g = 9.80665 \text{ m/s}^2$。陀螺仪测量角旋转，并返回每秒的度数。

4）Arduino 代码示例

下面的示例使用 Adafruit MPU6050 库读取和显示传感器的加速度值。在 Arduino UNO 上，将 SDA 引脚连接到 A4，将 SCL 引脚连接到 A5。

```
#include <Adafruit_MPU6050.h>        //声明陀螺仪头文件
#include <Adafruit_Sensor.h>         //声明传感器头文件
#include <Wire.h>                    //声明总线文件
Adafruit_MPU6050 mpu;                //定义陀螺仪对象
```

```
void setup(void)                                //初始化
{
  Serial.begin(115200);                         //定义串口频率 115200
  while (!mpu.begin())                          //检测陀螺仪是否工作
  {
    Serial.println("MPU6050 not connected!");
    delay(1000);
  }
  Serial.println("MPU6050 ready!");             //输出陀螺仪准备就绪
}
sensors_event_t event;                          //定义传感器对象
void loop()
{
  mpu.getAccelerometerSensor()->getEvent(&event);
//将传感器事件指向加速度传感器值
  Serial.print("[");
  Serial.print(millis());                       //输出当前的时间
  Serial.print("] X: ");
  Serial.print(event.acceleration.x);           //输出 X 轴的加速度
  Serial.print(", Y: ");
  Serial.print(event.acceleration.y);           //输出 Y 轴的加速度
  Serial.print(", Z: ");
  Serial.print(event.acceleration.z);           //输出 Z 轴的加速度
  Serial.println(" m/s^2");
  delay(500);
}
```

5）仿真示例

基于 MU6050 传感器的检测仿真系统如图 1-42 所示。

1.4.5 输出元器件

1. 伺服电机

标准微伺服电机（舵机）如图 1-43 所示（引脚从上到下依次为 GND、V＋、PWM）。

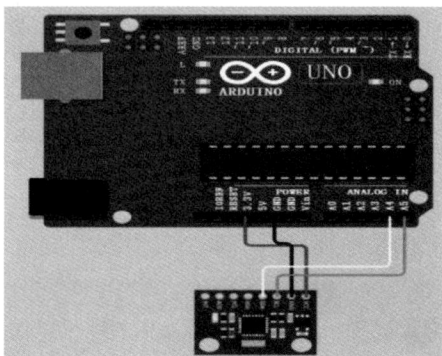

图 1-42 基于 MU6050 传感器的检测仿真系统

图 1-43 舵机

1）引脚名称

伺服电机的引脚介绍如表 1-48 所示。

表 1-48　伺服电机的引脚

名　　称	描　　述
PWM	Servo control signal
V+	Positive voltage（5V）
GND	Ground

2）属性

伺服电机的属性如表 1-49 所示。

表 1-49　伺服电机的属性

名　　称	描　　述	默认值
角	安装角的类型："single""double"或"cross"	"single"
角颜色	伺服角的颜色	"＃ccc"

3）仿真示例

基于伺服电机的控制系统如图 1-44 所示。

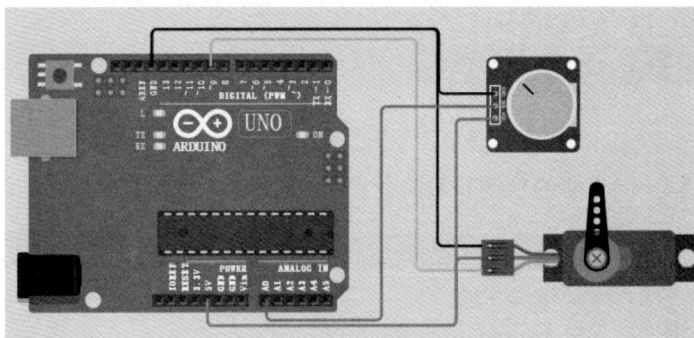

图 1-44　基于伺服电机的控制系统

2. 双极步进电机

双极步进电机如图 1-45 所示，其引脚从左到右依次为 A＋、A－、B＋、B－。

图 1-45　双极步进电机

1）引脚名称

双极步进电机的引脚描述如表 1-50 所示。

表 1-50 双极步进电机的引脚

名　　称	描　　述	名　　称	描　　述
A−	线圈 A 负极信号	B+	线圈 B 正极信号
A+	线圈 A 正极信号	B−	线圈 B 负极信号

2）属性

双极步进电机的仿真属性描述如表 1-51 所示。

表 1-51 双极步进电机的仿真属性

名称	描　　述	默认属性
箭头	显示一个箭头来指示步进器的位置。设置为箭头的颜色,例如"orange"	""
显示	步进器上显示的数字。有效值为"步 steps""angle"(以度为单位)、"none"	"steps"
减速比	电机的齿轮比。200 步/转速设置为"1∶1",400 步/转速设置为"2∶1"等	"1∶1"

3）示例

双极步进电机的属性仿真演示了不同属性设置的双极步进电机,如图 1-46 所示。

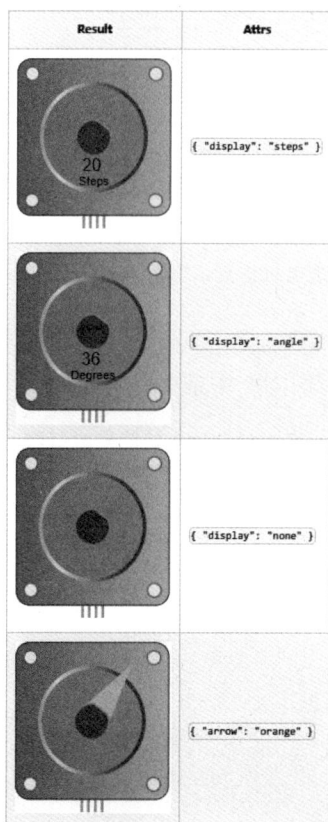

图 1-46 双极步进电机的属性仿真

4）使用步进电机

使用步进电机时,我们需要一个驱动芯片,该芯片可以为电机的线圈提供大量电流。Wokwi 支持常见的 A4988 driver board。我们还可以将步进电机直接连接到微控制器。Wokwi 使用数字模拟引擎,因此不考虑线圈电流。

我们能够使用控制步进电机的 Arduino 库有 Stepper、AccelStepper 等。其中,前者能够提供步进电机基本的速度与步数设定功能;后者更精确地控制电机加减速,适用于更加复杂场景。

5）仿真行为

步进电机每步移动 1.8°（每转 200 步）。电机还支持半步（每步 0.9°/每转 400 步）。我们甚至可以使用较小的微步（例如 1/4 或 1/8 步）,但模拟电机仅以半步分辨率显示角度。其中,基于双极步进电机的仿真示例如图 1-47 所示。

3. 压电蜂鸣器

压电蜂鸣器如图 1-48 所示。

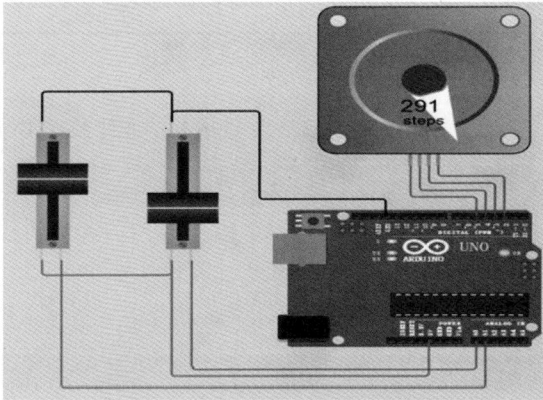

图 1-47　双极步进电机仿真示例

图 1-48　压电蜂鸣器

1）引脚名称

压电蜂鸣器的引脚描述如表 1-52 所示。

表 1-52　压电蜂鸣器的引脚

名　称	描　述
1	负(黑色)引脚
2	正(红色)引脚

2）属性

压电蜂鸣器的仿真属性如表 1-53 所示。

表 1-53　压电蜂鸣器的仿真属性

名　　称	描　　述	默认值
模式	蜂鸣器操作模式："smooth"或"accurate"	"smooth"
音量	声音的音量（响度），介于"0.01"和"1.0"	"1.0"

3）工作模式

压电蜂鸣器可以两种模式运行：smooth（默认）和 accurate。

smooth 听起来更好，适合简单的单频音调。可以在使用 Arduino 的 tone（）函数演奏旋律或演奏音调时使用。复杂和复调声音在"平滑模式"下可能无法正常播放（或根本无法播放）。

当需要播放复杂的声音时，可使用 accurate 模式。在该模式下，压电蜂鸣器将准确地播放项目输入的声音。然而，它会为大家的声音添加可听到的咔嗒声。这些噪声是由模拟速度的波动产生的，它并不总是能够提供完整的实时声音缓冲区。

4）仿真示例

基于压电蜂鸣器的音乐播放器如图 1-49 所示。

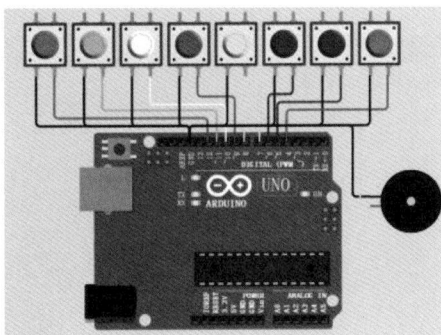

图 1-49　音乐播放器

1.5　认识 Wokwi 工程文件的创建、导入及运行

1.5.1　单个工程文件的创建

进入 https://wokwi.com/，打开图 1-50 中的 Start from Scratch，选中相应的单片机，一个新工程就创建完毕了。

图 1-51 所示就是基于 Arduino UNO 的代码编写与仿真单片机界面。setup（）函数初始化变量、引脚模式，调用库函数。loop（）函数连续循环执行该函数内的程序，这都是唯一的且不可重复。

如图 1-52 所示为单片机仿真界面所对应的代码，将仿真界面的元器件属性以代码的形式显示在 diagram.json 文件中。

如图 1-53 所示为库管理界面。当要用到 sketch.ino 本身没有带的库时，需要从

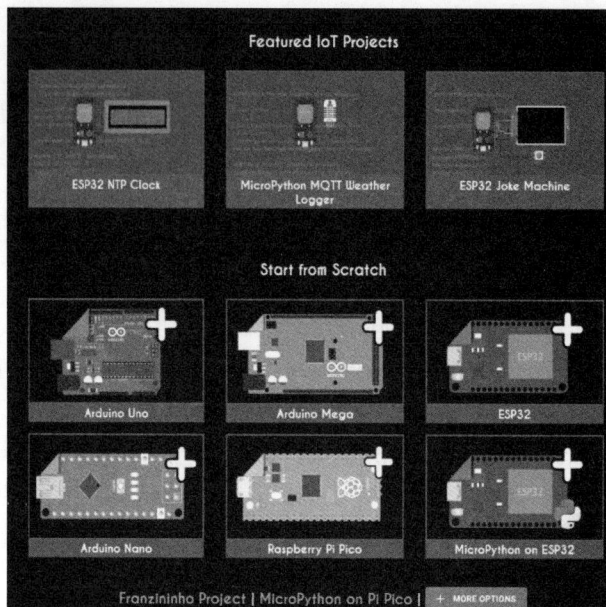

图 1-50　选择主控器件

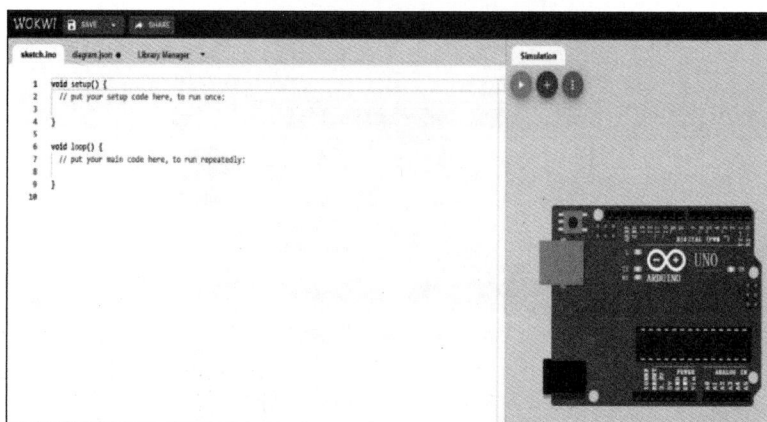

图 1-51　Arduino UNO 项目

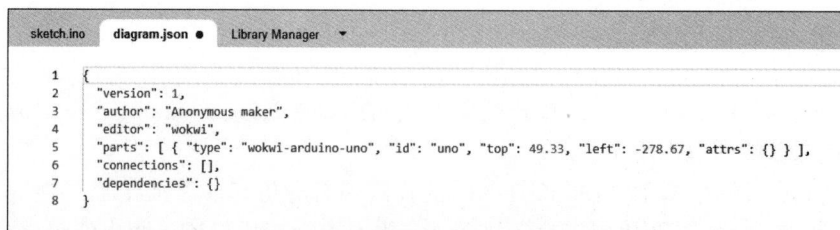

图 1-52　仿真元件对应的代码

Library Manager 导入需要的库文件,这样就可以直接使用对应库的相应对象了。由于网页库的源在外网,故我们需要开一个 VPN 才可以对库进行调用。

至此新工程的创建就完成了。

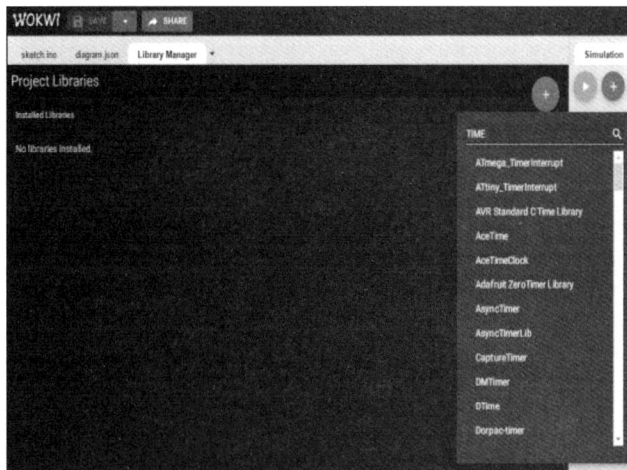

图 1-53   添加库文件

1.5.2   单个工程文件的导入与运行

如果想在原有的工程基础之上进行开发，可以将原有的工程文件导入，导入的第一步如图 1-54 所示。如果在新建的工程中带有.ino 文件，会导致.ino 文件导入失败，故需要先将新工程的相应文件删除，如图 1-55 所示，方可正常地导出如图 1-56 所示的工程文件运行界面。

图 1-54   导入工程文件

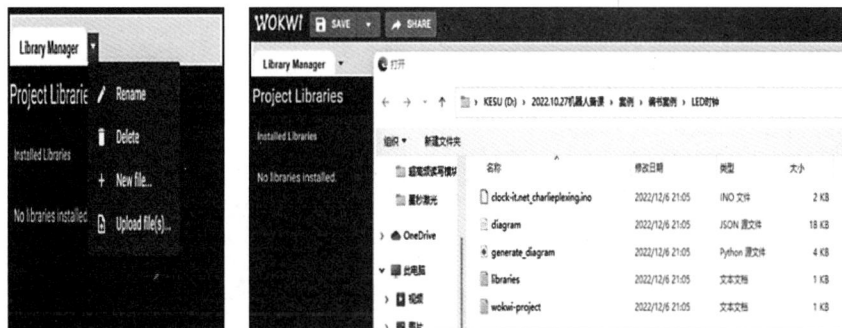

图 1-55   删除工程文件

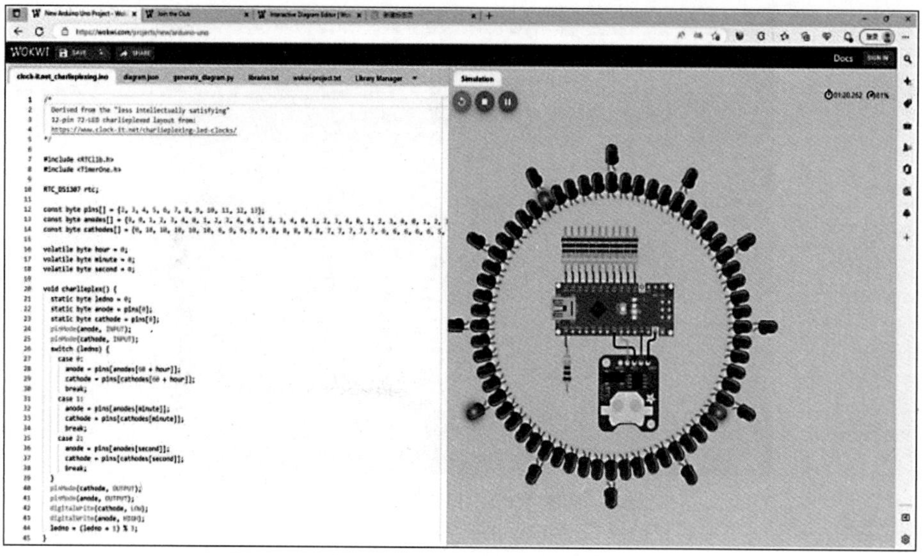

图 1-56　工程文件正常导出

1.6　认识仿真运行调试界面

1. GDB 调试工具

GDB 是一个强大的代码调试工具,项目可以用它来调试 Wokwi 中的代码。

2. 在 Wokwi 中运行 GDB

要启动 GDB,在代码编辑器中按 F1 键,在弹出的提示框中输入"GDB",然后选择"Start Web GDB Session(debug build)"选项。

这时会在浏览器中打开一个新 Tab 启动 GDB。如果这是项目第一次使用这个功能,大概会花 30s 来加载。

3. 调试会话示例

在仿真界面按 F1 键,出现相应的选项,单片机并没有运行,如图 1-57 所示。

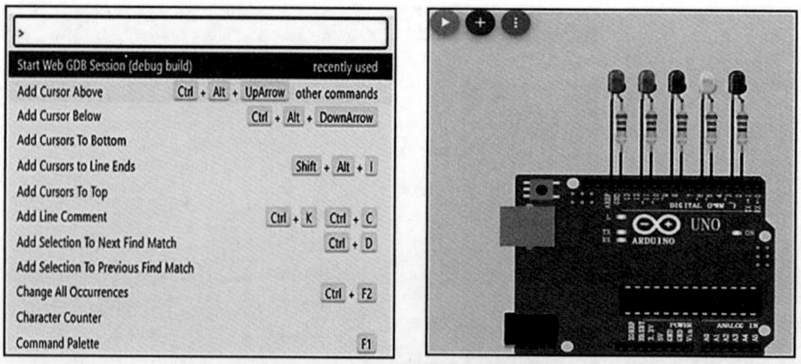

图 1-57　选择调试界面图

在方框中输入"GDB",启动 GDB 调试仿真界面,如图 1-58 所示。

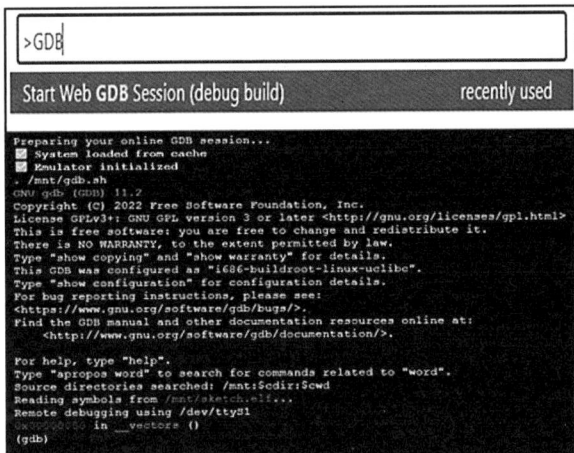

图 1-58　启动 GDB 调试仿真界面

在调试仿真界面中输入持续运行的缩写 C 之后,基于 Arduino 的流水灯开始运行,如图 1-59 所示。

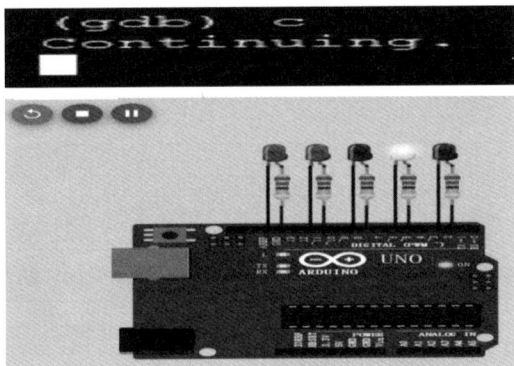

图 1-59　调试结果图

4. 运行指令介绍

在程序的调试过程中,执行与中断指令的设置极为重要,故以下介绍基于 GDB 的执行与中断指令。

仿真调试程序执行指令如表 1-54 所示。

表 1-54　仿真调试程序执行指令

指　　令	缩　　写	描　　述
continue	c	运行程序
advance setup	Adv setup	运行程序并在 setup()函数开始时停止*
next	n	执行下一行代码(单步执行)

指　　令	缩　　写	描　　述
stop	s	单步执行下一行代码
finish	fin	运行程序,直到当前函数返回(步出)
nexti	n	执行下一条指令(单步执行)
stepi	si	步入下一条指令
until	u	就像下一个一样,但不会循环返回
Ctrl+C		在当前指令中断程序

* 如果当前函数返回,高级命令也将停止。

中断调试指令描述如表 1-55 所示。

表 1-55　中断调试指令

指　　令	缩写形式	描　　述
info breakpoints	i b	显示所有断点的列表
break loop	b loop	在 loop()函数的开头设置断点
break 42	b 42	在第 42 行设置断点
break * 0x156	b * 0x156	在程序地址 0x156 处设置断点
tbreak loop	tb loop	在 loop()函数中设置一次性(临时)断点
clear loop	cl loop	删除 loop()函数上的任何断点
clear 42	cl 42	删除第 42 行上的任何断点
delete 1	d 1	删除断点编号 1
disable	dis	禁用所有断点
disable 1	dis 1	禁用断点编号 1
enable	en	启用所有断点
enable 1	en 1	启用断点编号 1
enable once 1	en once 1	为单次命中启用断点编号 1

1.7　Wokwi 的 Hello World

基于 Arduino 的 Hello World,使用 LCD 来将 Hello World 在其上显示;仿真运行的结果如图 1-60 所示。

仿真代码如下。

图 1-60　仿真运行结果

Arduino 对应的代码：

```
//LCD1602 转 Arduino UNO 连接示例
#include <LiquidCrystal.h>                    //引入 LCD 的库
LiquidCrystal lcd(12, 11, 10, 9, 8, 7);
void setup() {
  lcd.begin(16, 2);
  lcd.print("Hello World!");
}
void loop() {                                 //...
}
```

仿真界面对应生成的代码：

```
{
  "version": 1,
  "author": "Uri Shaked",
  "editor": "wokwi",
  "parts": [                                  //元器件组成部分罗列
    { "id": "uno", "type": "wokwi-arduino-uno", "top": 200, "left": 20 },
    { "id": "lcd", "type": "wokwi-lcd1602", "top": 8, "left": 20 },
    {
      "id": "r1",
      "type": "wokwi-resistor",
      "top": 140,
      "left": 220,
      "attrs": { "value": "220" }
    }
  ],
```

```
    "connections": [                              //元器件连接相应代码
      ["uno:GND.1", "lcd:VSS", "black", ["v-51", "*", "h0", "v18"]],
      ["uno:GND.1", "lcd:K", "black", ["v-51", "*", "h0", "v18"]],
      ["uno:GND.1", "lcd:RW", "black", ["v-51", "*", "h0", "v18"]],
      ["uno:5V", "lcd:VDD", "red", ["v16", "h-16"]],
      ["uno:5V", "r1:2", "red", ["v16", "h-118", "v-244", "h50"]],
      ["r1:1", "lcd:A", "pink", []],
      ["uno:12", "lcd:RS", "blue", ["v-16", "*", "h0", "v20"]],
      ["uno:11", "lcd:E", "purple", ["v-20", "*", "h0", "v20"]],
      ["uno:10", "lcd:D4", "green", ["v-24", "*", "h0", "v20"]],
      ["uno:9", "lcd:D5", "brown", ["v-28", "*", "h0", "v20"]],
      ["uno:8", "lcd:D6", "gold", ["v-32", "*", "h0", "v20"]],
      ["uno:7", "lcd:D7", "gray", ["v-36", "*", "h0", "v20"]]
    ]
  }
```

第 2 章

编程语言基础

2.1 Arduino 语言以及程序结构

2.1.1 Arduino 语言

Arduino 使用 C/C++ 编写程序,虽然 C 语言被 C++ 所兼容,但是 C 语言是一种面向过程的编程语言,C++ 是一种面向对象的编程语言。早期的 Arduino 核心库使用 C 语言编写,后来引进了面向对象的思想,目前最新的 Arduino 核心库采用 C 与 C++ 混合编写而成。

通常大家所指的 Arduino 语言,是指 Arduino 核心库文件提供的各种应用程序编程接口(Application Programming Interface,API)的集合。这些 API 是对更底层的单片机支持库进行二次封装所形成的。例如,使用 AVR 单片机的 Arduino 的核心库是对AVR-Libc(基于 GCC 的 AVR 支持库)的二次封装。

传统开发方式中,项目需要厘清每个寄存器的意义及它们之间的关系,然后通过配置多个寄存器来达到目的。

而在 Arduino 中,使用了清楚明了的 API 替代繁杂的寄存器配置过程,这点读者将会在下方的代码中深有体会,这也是 Arduino 能成为简单入门单片机的原因。

- Serial.println(value);

打印值到 Wokwi 的串口监视器,所以项目可以在计算机上观看 Arduino 的输出。

- PinMode(pin,mode);

配置一个数字引脚读(输入)或写(输出)数字值。

- digitalRead();

从一个设置为输入的引脚读出数字值(高电平或低电平)。

- DigitalWrite(pin,value);

写入数字值(高平电或低电平)到一个设置为输出的引脚。

2.1.2 Arduino 程序结构

在第 1 章中大家已经看到了第一个基于 Wokwi 的 Arduino 程序 Blink,如果使用过

C/C++ 语言,将会发现传统的 C/C++ 与 Arduino 程序结构的不同——Arduino 程序中没有 main()函数。

其实并不是 Arduino 中没有 main()函数,而是 main()函数的定义隐藏在了 Arduino 的核心库文件中。Arduino 开发一般不直接操作 main()函数,而是使用 setup()和 loop()这两个函数。

在 Wokwi 主页中建立 Arduino 的工作例程,如图 2-1 所示。

```
1   void setup() {
2       // 将你的设置代码放在这里,运行一次
3   
4   }
5   
6   void loop() {
7       // 把你的主代码放在这里,重复运行:
8   
9   }
10
```

图 2-1　工作例程

1. Arduino 程序的基本结构

Arduino 由 setup()和 loop()函数组成程序基本结构。

当 Arduino 控制器通电或复位时,setup()函数中的程序将被执行,这部分程序将只被执行一次;即完成 Arduino 的初始化操作设置,例如使哪一个引脚是"LOW"或"HIGH"。

当 Arduino 控制器执行完 setup()函数初始化中的程序时,loop()函数中的程序将被 Arduino 继续执行,而这部分程序将被循环执行,直到电源关闭为止。主要功能由 loop()函数完成,例如数据采集和各种模块驱动。

2. 设置引脚的工作模式

如果要使 Arduino 控制某个数字引脚,那么必须将这个引脚设为"输出"模式;如果要获取来自传感器的数据,那么必须将这个引脚设为"输入"模式。将这些设置工作模式的语句放在 setup()函数中。其中 PinMode()函数用于设置引脚的工作模式,指令格式如下:

```
PinMode(Pin,Mode);
```

参数介绍:Pin 为引脚编号(数字量的端口 1～13 号或者模拟量端口 A0～A5)。Mode 为模式设置(INPUT(输入)或者 OUTPUT(输出))。

3. 输出数字信号

Arduino 的引脚分为数字与模拟端口,它们都可以输出为高电平可以用 HIGH 或 1 表示,低电平可以用 LOW 或 0 表示,其中,输出数字信号的函数指令是 digitalWrite()。

其格式如下：

```
digitalWrite(Pin,value);
```

参数介绍：Pin 为引脚编号（数字量的端口 1～13 号或模拟量端口 A0～A5）；value 为输出电压值（高电平 HIGH(0)或低电平 LOW(0)）。

4. 读取数字信号输入值

读取数字输入值的指令格式如下：boolean 变量名称 ＝digitalRead(引脚号)。代码示例如：

```
boolean signal=digitalRead(8)
```

Arduino 中延迟毫秒的指令称为 delay()。"LED 闪烁"代码需要每隔 0.5s 输出"1"或"0"信号，就是在点亮 LED 之后，持续或延迟(delay)0.5s 之后关闭 LED，然后再延迟 0.5s，以此循环往复进行。delay()代码格式：

```
delay(延迟毫秒数)
```

例如，一段基于延时的 LED 闪烁软硬件仿真系统如图 2-2 所示。

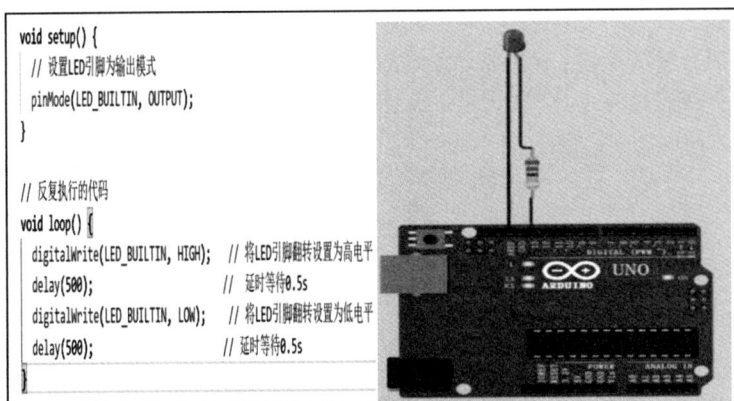

图 2-2　LED 闪烁软硬件仿真系统

2.2　C/C++ 语言基础

C 语言是一门面向过程、抽象化的通用程序设计语言，广泛应用于底层开发。C 语言能以简易的方式编译、处理低级存储器。C 语言是仅产生少量的机器语言以及不需要任何运行环境支持便能运行的高效率程序设计语言。尽管 C 语言提供了许多低级处理的功能，但仍然保持着跨平台的特性，以一个标准规格写出的 C 语言程序可在包括一些类似嵌入式处理器以及超级计算机等作业平台的许多计算机平台上进行编译，具有广泛性、简洁性以及结构完善的特点。

C++ 语言是 C 语言的继承，它既可以进行 C 语言的过程化程序设计，又可以进行以抽象数据类型为特点的基于对象的程序设计,还可以进行以继承和多态为特点的面向对象的程序设计。C++ 语言擅长面向对象程序设计的同时,还可以进行基于过程的程序设计,因此 C++ 就适应的问题规模而论,大小由之。C++ 语言不仅拥有计算机高效运行的实用性特征,同时还致力于提高大规模程序的编程质量与程序设计语言的问题描述能力。

关于 C/C++ 语言总结如下。

C++ 语言是在 C 语言的基础上开发的一种面向对象的编程语言,应用非常广泛,常用于系统开发、引擎开发等应用领域,支持类、封装、继承、多态等特性。

C++ 语言灵活,运算符的数据结构丰富,具有结构化控制语句,程序执行效率高,而且同时具有高级语言与汇编语言的优点。

2.2.1 主要数据类型

由于 Arduino 是基于 C/C++ 语言的,而在 C/C++ 中所有的数据都必须指定其数据的类型。通常,数据可以分为常量与变量,而在变量中的数据类型是指用于声明不同类型的变量或函数的扩展系统,变量的类型确定它在存储器中占用多少空间。值得注意的是,Arduino 的数据类型与本身开发板的位数有关系;其中主要的数据类型关系如图 2-3 所示。

此外,void 类型通常用来作为没有返回值函数的类型,即表明没有可以用的值;以及派生类型(包括指针类型、数组类型、结构类型、共用体类型和函数类型),这里将不对这些类型做详细介绍,接下来主要介绍图 2-3 中的数据类型。

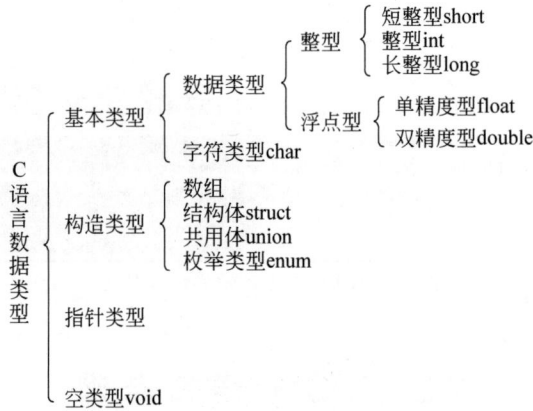

图 2-3 数据类型

1. 常量

当代码被程序运行时,值不能被改变的量称为常量;其可以是字符,也可以是数字,可以通过宏定义来确定常量:

```
#define 常量名 常量值;
```

例如,在 Arduino 中将常量 π 定义为 PI,即使用以下语句:

```
#define PI 3.14159;
```

2. 变量

变量就是在程序中可以改变的量,其定义方法是:

类型 变量名;

例如,定义一个整型变量 t,则可以通过以下方法来定义:

Int t;

我们可以定义变量之后同时为其赋值,也可以在定义变量之后对其赋值,例如,Int t＝ 100;和 int t；t＝95;是等效的。

1) 整型

整型就是整数类型。Arduino 可以使用的整数类型及其取值范围如图 2-4 所示。

类型	取值范围	说明
int	−2 147 483 648 ~ 2 147 483 647	整型
unsigned int	0 ~ 4 294 967 295	无符号整型
long	−2 147 483 648 ~ 2 147 483 647	长整型
unsigned long	0 ~ 4 294 967 295	无符号长整型
short	−32 768 ~ 32 767	短整型

图 2-4　Arduino 可以使用的整数类型及其取值范围

注意：C 语言标准是这样规定的：int 最少为 16 位(2B),long 不能比 int 短,short 不能比 int 长,具体位长由编译器开发商根据各种情况自己决定。

32 位平台下 long 是 4B,long long 是 8B;但是 64 位平台下则全是 8B。因此为了保证平台的通用性,程序中尽量不要使用 long 数据类型。

2) 浮点型

• 单精度 float

单精度型是系统的基本浮点类型。至少能精确表示小数点后 6 位有效数字。一个 float 类型占用 4B 的存储位。

其中最高位为符号位,紧接着 8 位为指数位,剩下的 23 位为尾数位。

格式说明符：%f。

• 双精度 double

双精度浮点型。至少能精确表示小数点后 12 位有效数字。一个 double 类型占用 8B 的存储位。

最高位为符号位,紧接着 8 位为指数位,剩下的 52 位为尾数位。

格式说明符：%lf。

浮点数也就是大家常用的小数,浮点型又分为单精度浮点型(float)和双精度浮点型

(double)。

3) 字符型 char

字符型可以表示单个字符,字符类型是 char,char 是 1B(可以存放字母或者数字);多个字符称为字符串,在 C 语言中使用 char 数组表示字符串,数组不是基本数据类型,而是构造类型。

注意:

- 字符常量是用单引号(' ')括起来的单个字符。例如:char c1 = 'a'; char c3 = '9'。
- C 语言中还允许使用转义字符'\'来将其后的字符转变为特殊字符型常量。

  例如:

char c3 = '\n'; //'\n'表示换行

- 在 C 语言中,char 的本质是一个整数,在输出时,是 ASCII 码对应的字符。我们可以直接给 char 赋一个整数,输出时会按照对应的 ASCII 字符输出对应数值。

char 类型是可以进行运算的,相当于一个整数,因为它都对应有 Unicode 码;部分 ASCII 码如图 2-5 所示。

二进制	十进制	十六进制	图形	二进制	十进制	十六进制	图形	二进制	十进制	十六进制	图形
0010 0000	32	20	(空格)(□)	0100 0000	64	40	@	0110 0000	96	60	`
0010 0001	33	21	!	0100 0001	65	41	A	0110 0001	97	61	a
0010 0010	34	22	"	0100 0010	66	42	B	0110 0010	98	62	b
0010 0011	35	23	#	0100 0011	67	43	C	0110 0011	99	63	c
0010 0100	36	24	$	0100 0100	68	44	D	0110 0100	100	64	d
0010 0101	37	25	%	0100 0101	69	45	E	0110 0101	101	65	e

图 2-5 部分 ASCII 码

3. 布尔型

C 语言标准(C89)没有定义布尔类型,所以 C 语言判断真假时以 0 为假,非 0 为真。但这种做法并不直观,所以大家可以借助 C 语言的宏定义。

C 语言标准(C99)提供了 Bool 型,Bool 仍是整数类型,但与一般整型不同的是,Bool 变量只能赋值为 0 或 1,非 0 的值都会被存储为 1,C99 还提供了一个头文件<stdbool.h>定义了 bool 代表 Bool,true 代表 1,false 代表 0。只要导入 stdbool.h,就能方便地操作布尔类型了,比如 bool flag = false;

```
条件控制语句:if(flag){...}
循环控制语句;while(flag) …
通过 bool 变量 flag 来控制条件与循环语句的内容是否执行。
```

2.2.2 运算符

由一个或多个操作数(变量、常量、字面值)及运算符组成的符合 C 语言规则的式子叫作表达式。表达式经由计算得到的结果称为表达式的值。

C 语言中可以分为左值和右值。

左值：可以写的内存块(变量)。

右值：可以读的内存块(变量、常量、字面值)。

C 语言中的运算符包括以下几种。

算术运算符：＋(加)、－(减)、＊(乘)、/(除)、％(取余,模运算)、＋＋(自增)、－－(自减)。

关系运算符：＞(大于)、＜(小于)、＝＝(等于)、!＝(不等于)、＞＝(大于或等于)、＜＝(小于或等于)。

逻辑运算符：＆＆(与)、||(或)、!(非)。

赋值运算符：

＝(赋值)；

＋＝、－＝、＊＝、/＝、％＝(算术复合赋值运算符)；

＆＝、|＝、^＝、~、＞＞、＜＜(位运算复合赋值运算符)。

位运算符：＆、|、^、~、＞＞、＜＜。

条件运算符：?:(条件运算符,三目运算符,三元运算符)。

逗号运算符：,(逗号运算符)。

指针运算符：＆(取地址符)、＊(寻址符)。

求字节运算符：sizeof(获取字节数)。

特殊运算符：()(括号运算符,更改表达式运算顺序)、[ ](数组下指针访问成员运算符)、·(结构体变量访问成员运算符)。

关于运算符的几个重要性质如下。

优先级：运算符优先级高的先执行。

结合性：当优先级相同时,可以通过结合性确定表达式如何结合来确定执行顺序。

类别：参与当前运算符运算的操作数个数,一元、二元、三元。

2.2.3 表达式

常见的表达式有：基本表达式(primary expression)、常量表达式(constant expression)、后缀表达式(postfix expression)、一元表达式(unary expression)、强制转换表达式(cast expression)、乘法表达式(multiplicative expression)、加法表达式(additive expression)、移位表达式(shift expression)、关系表达式(relational expression)、相等表达式(equality expression)、AND 表达式(AND expression)、异或表达式(exclusive OR expression)、或表达式(inclusive OR expression)、逻辑与表达式(logical AND expression)、逻辑或表达式(logical OR expression)、条件表达式(conditional expression)、赋值表达式(assignment expression)。

下面是关于表达式的一些例子。

1) 加、减、乘、除、取余表达式

加、减、乘、除、取余表达式以及相关运算结果如图 2-6 所示。

2) 一元表达式

只含有一个操作数的表达式称为一元表达式,例如,5,5＋＋,＋＋5。

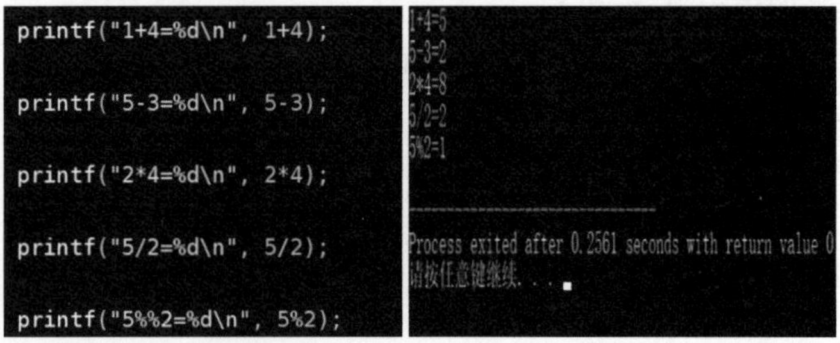

```
printf("1+4=%d\n", 1+4);

printf("5-3=%d\n", 5-3);

printf("2*4=%d\n", 2*4);

printf("5/2=%d\n", 5/2);

printf("5%%2=%d\n", 5%2);
```

(a) (b)

图 2-6　加、减、乘、除、取余表达式

3）强制转换表达式

强制转换表达式是指将一种数据类型强制转换为别的数据类型，如图 2-7 所示。

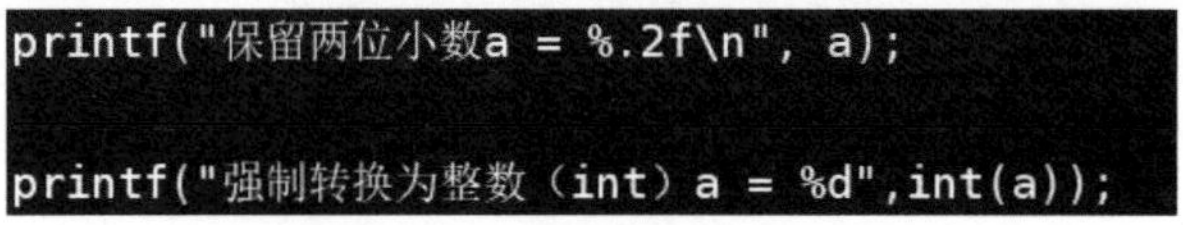

```
printf("保留两位小数a = %.2f\n", a);

printf("强制转换为整数（int）a = %d",int(a));
```

图 2-7　强制转换表达式

4）判断表达式

判断表达式判断两个操作数是否相等，相等返回 true(1)，否则返回 false(0)。这部分在以后学到 if 语句时会经常用到。

5）逻辑表达式

逻辑表达式判断两个操作数逻辑是否成立，主要有三种运算"与"(&&)、"或"(||)、"非"(!)。

6）移位表达式

移位运算符有">>"(右移)和"<<"(左移)。

2.2.4　数组

数组是一组相同类型元素的集合。

1. 数组的创建

```
type_t   arr_name   [const_n];
```

2. 数组初始化

其中，一维数组是数组入门的基础，故列举以下一维数组初始化方式。

• 数组大小和数值个数一致：

```
int arr1[5] = {1,2,3,4,5};char arr6[6] = "abcdef";
```

• 数组大小大于数组内数值的个数：

```
int arr2[6] = {1,2,3};            char arr7[6] = "zxc";
```

- 不指定数组大小：

```
char arr5[] = {'a','b','c'};              int arr3[] = {1,2,3,4};
```

3. 小结

- 数组是具有相同类型的元素的集合，数组的大小（即所占字节数）为元素个数乘以单个元素的大小。
- 数组只能够整体初始化，不能被整体赋值。只能使用循环从第一个逐个遍历赋值。
- 初始化时，数组的维度或元素个数可忽略，编译器会根据花括号中的元素个数初始化数组元素的个数。
- 当花括号中用于初始化值的个数不足数组元素大小时，数组剩下的元素依次用 0 初始化。
- 字符型数组在计算机内部用的是对应的 ASCII 码值进行存储的。
- 用""括起的字符串，不用数组保存时，一般都被直接编译到字符常量区，并且不可以被修改。

2.2.5　字符串

字符串是一种重要的数据类型，但是 C 语言没有显式的字符串数据类型，字符串通过字符串常量或字符数组的方式存储。

其中，字符串常量是一对双撇号括起来的字符序列，例如：

```
"helloworld""12345"""(空字符串)
```

另外，字符串是由一系列单个字符构成的字符数组，例如：

```
char c[20]="helloworld";
```

2.2.6　注释

1. 行注释

//形式的注释只对单行有效。

2. 块注释

/**/形式的注释，在/＊和＊/之间的内容都会被编译器忽略。

3. 条件编译注释

条件编译指令＃if 后面跟整型常量表达式。如果表达式为非零，则表达式为真，编译器条件执行代码块；反之，编译器忽略代码块。＃if 0 配合＃endif 可实现代码的成块注释。

2.2.7　用流程图表示程序

目前绘制流程图所需的模块如图 2-8 所示,在流程图中,判断框左边的流程线表示判断条件为真时的流程,右边的流程线表示条件为假时的流程,有时就在其左、右流程线的上方分别标注"真""假"或"T""F"或"Y""N"。

2.2.8　顺序结构

顺序结构是简单的线性结构,各框按顺序执行。其流程图的基本形态如图 2-9 所示,语句的执行顺序为:A→B→C。

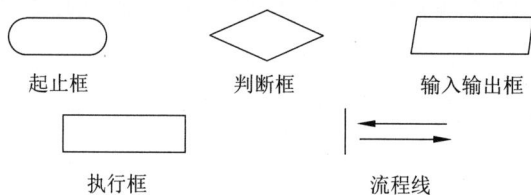

图 2-8　流程图所需模块

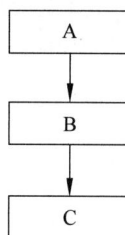

图 2-9　顺序结构

2.2.9　选择结构

选择结构是对某个给定条件进行判断,条件为真或假时分别执行不同的框的内容。其基本形状有两种,如图 2-10 所示。图 2-10(a)的执行序列为:当条件为真时执行 A,否则执行 B;图 2-10(b)的执行序列为:当条件为真时执行 A,否则什么也不做。

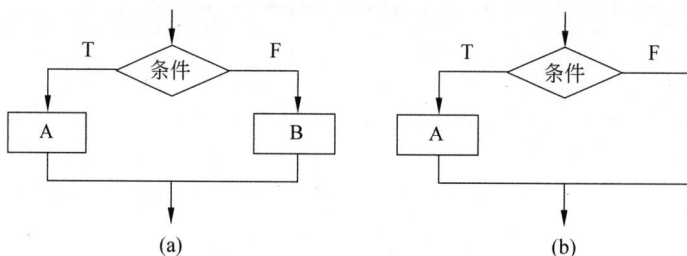

图 2-10　选择结构

2.2.10　循环结构

循环结构有两种基本形态:while 型循环和 do-while 型循环。

1. while 型循环(当型循环)

其执行序列为:当条件为真时,反复执行 A,一旦条件为假,跳出循环,执行循环后的语句。

2. do-while 型循环（直到型循环）

执行序列为：首先执行 A，再判断条件，条件为真时，一直循环执行 A，一旦条件为假，结束循环，执行循环后的下一条语句。

如图 2-11 中的 A 被称为循环体，条件被称为循环控制条件。要注意的是：

（1）在循环体中，必然会对条件要判断的值进行修改，使得经过有限次循环后，循环一定能结束。

（2）当型循环中循环体可能一次都不执行，而直到型循环则至少执行一次循环体。

（3）直到型循环可以很方便地转换为当型循环，而当型循环不一定能转换为直到型循环。例如图 2-11(b)可以转换为图 2-11(c)。

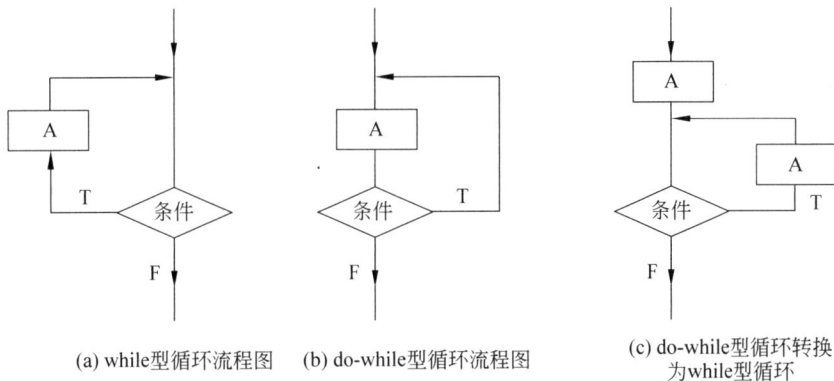

(a) while型循环流程图　　(b) do-while型循环流程图　　(c) do-while型循环转换为while型循环

图 2-11　循环结构

第 3 章

chapter 3

使用和编写类库

3.1 C++ 相关知识点扩展

前面我们简单地介绍了 C 语言的相关知识点,接下来我们引出 C++ 的相关知识点,在讲 C++ 之前,先简单介绍一下 C 语言和 C++ 语言之间的区别。

- 定义

C 语言是一种过程式的编程语言,主要关注算法和流程控制。

C++ 语言是一种多范式的编程语言,支持过程式编程、面向对象编程(OOP)和泛型编程等多种编程范式。

- 面向对象编程

C 语言不直接支持面向对象编程,没有类、对象、继承等概念。

C++ 语言具有完整的面向对象编程特性,包括类、对象、封装、继承、多态等。

- 语法差异

C++ 语言在继承 C 语言的基础上添加了更多的语法元素,如类的定义、成员函数、构造函数、析构函数等。

- 标准库

C 语言提供了 C 标准库(C Standard Library),包含了大量的函数用于文件操作、字符串处理、数学计算等。

C++ 语言在 C 标准库的基础上扩展了标准模板库(Standard Template Library,STL),提供了丰富的容器类、算法和函数模板。

- 内存管理

C 语言中的内存管理主要依赖 malloc() 和 free() 函数进行动态内存分配和释放。

C++ 语言引入了自动内存管理机制,使用 new 和 delete 操作符进行内存分配和释放,同时也支持 RAII(Resource Acquisition Is Initialization)技术。

- 函数重载

C 语言不支持函数重载,即不能有多个同名函数,参数列表不同的情况。

C++ 语言支持函数重载,可以定义多个同名函数,但参数列表必须不同。

- 命名空间

C 语言中没有命名空间的概念,容易引起命名冲突。

C++ 语言引入了命名空间(namespace)的概念,用于组织和隔离代码,防止命名冲突。

· 异常处理

C 语言通常使用错误码来处理异常情况。

C++ 语言引入了异常处理机制,可以使用 try、catch、throw 等关键字来处理异常,提供了更灵活的错误处理方式。

· 运算符重载

C 语言不支持运算符重载。

C++ 语言支持运算符重载,可以自定义类的运算符行为。

· 编程风格

C 语言更偏向于过程式编程,适合编写较为简单的程序。

C++ 语言更适合开发复杂的、面向对象的软件系统,具有更丰富的特性和更高的抽象能力。

总之,C 语言和 C++ 语言在语法、特性和应用领域上存在许多差异。选择使用哪种语言取决于项目需求、开发目标和个人偏好。

针对本章内容我们通过一个闹钟案例来对 C++ 语言进行讲解,图 3-1 为本次讲解案例内容,该案例使用 C++ 语言进行编写,主要用到了类的引用与定义,其中,定义的类有 AlarmTone、Clock 以及 Button,引用的类有 SevSeg;从而从这些类中引出相应对象的成员函数以及成员变量。

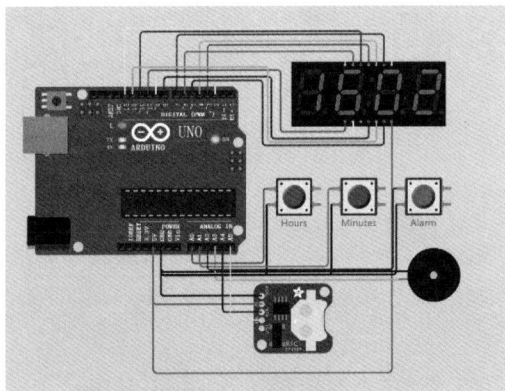

图 3-1　闹钟案例

该闹钟一共有 5 种工作状态,接下来对其各种工作状态进行描述。

· 处理时钟状态

该工作状态如图 3-2 所示,对三个时钟按钮的状态不断地进行检测,一旦检测到有按键按下则显示对应状态。

以下情况会让设备返回处理时钟状态:

长按闹钟键关闭本次闹铃;

闹钟短暂休眠提示结束返回;

闹铃 ON 与 OFF 提示结束之后;

设置完闹铃时间之后。

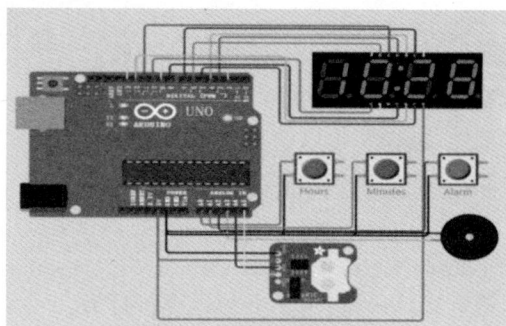

图 3-2　设置闹铃时间

• 处理闹钟状态

该工作状态如图 3-3 所示,对闹钟是否工作进行判断,如果闹钟工作,则显示 ON 之后进入闹钟报警时间的设置状态;否则显示 OFF 之后退出处理闹钟状态,回到处理时钟状态。

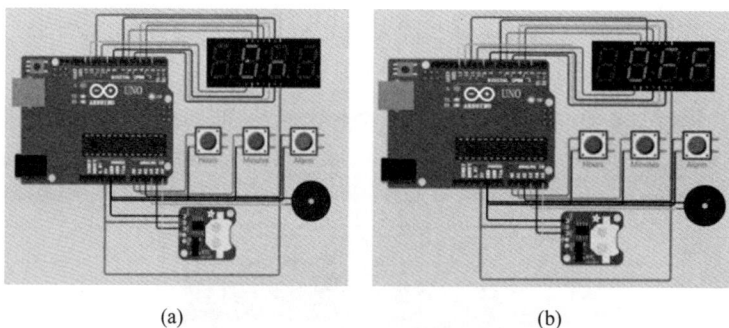

(a)　　　　　　　　　　　　(b)

图 3-3　处理闹钟状态

• 处理闹钟时间设置状态

闹钟时间显示状态如图 3-4 所示,对三个闹钟按钮的状态不断地进行检测,一旦检测到有按键按下则显示对应状态,如果闹钟时间显示结束,则返回处理时钟状态。

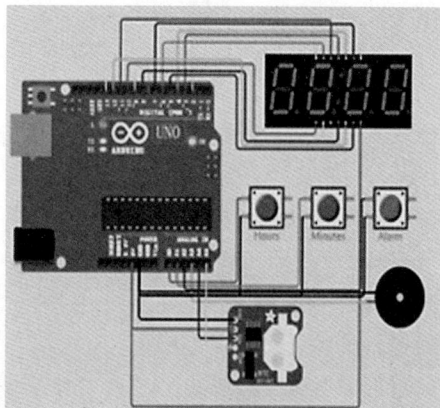

图 3-4　闹铃时间

- 处理闹钟响铃状态

根据按键是长时间按下还是短暂的按下来处理闹钟响铃状态,如果是长时间按下,关闭闹钟模式并返回处理时钟状态;否则,短暂按下闹钟键会让闹钟转入小眠状态并关闭闹钟响声进入短暂休息。闹钟将在几分钟之后再次报警,同时,时钟调整按钮与分钟调整按钮将在该时刻失效。

其中,如果不按下闹钟报警键,则闹钟将持续报警,闹钟报警图如 3-5 所示。

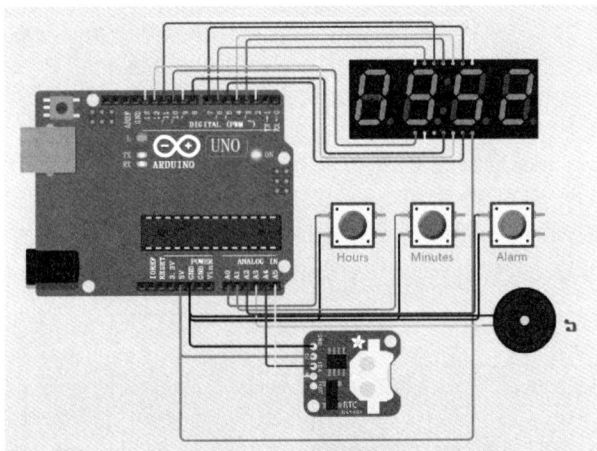

图 3-5　闹钟报警图

- 处理小睡状态

四段数码管显示对应的"****"字符如图 3-6 所示,如果休眠状态提示结束,则返回正常时钟显示状态,等待几分钟之后再次报警。

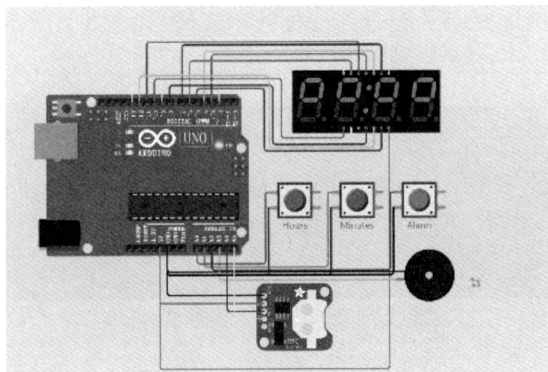

图 3-6　短暂休眠提示

3.2　编写并使用函数

本节介绍如何编写函数来实现特定的功能,并通过函数的调用来提高程序的可读性和模块化程度。函数可以将一些功能相似的代码封装起来,使得代码结构更清晰,更易于理解和维护。

在该案例中,闹钟的分钟和小时调节的成员函数代码如下所示。通过反复这些成员函数来改变数码管显示的时间,使得程序变得简洁,提高了程序的可读性与模块化程度。与此同时,还有其他类例如按键类、闹铃类的成员函数,在此就不一一列举了。

```cpp
void Clock::incrementAlarmHour() {              //闹钟小时位设置
  _alarm_hour = (_alarm_hour + 1) % 24;
  _alarm_state = ALARM_OFF;
#if USE_RTC                                     //是否使用 RTC 模块
  _rtc.writenvram(NVRAM_ADDR_ALARM_HOUR, _alarm_hour);
#endif
}
void Clock::incrementAlarmMinute() {            //闹钟分钟位设置
  _alarm_minute = (_alarm_minute + 1) % 60;
  _alarm_state = ALARM_OFF;
#if USE_RTC
  _rtc.writenvram(NVRAM_ADDR_ALARM_MINUTE, _alarm_minute);
#endif
}
```

3.3 使用基于 Arduino 案例开发

本节介绍如何使用 Arduino 类库来简化开发过程,提供了一些常用的功能和工具。

Arduino 类库是一组预先编写好的代码,可以直接在 Arduino 开发环境中使用,无须重复编写。

故本时钟闹铃案例也使用了数码管与时钟库文件,如图 3-7 所示,库的导入方式已经在第 1 章的 1.5 节中进行过描述,在此不再赘述。

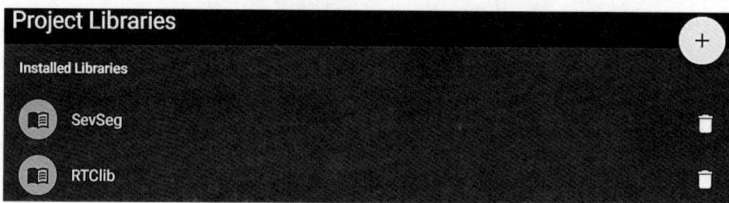

图 3-7　数码管与时钟库文件

3.3.1　编写头文件

编写头文件:头文件是类库的接口文件,用于声明类、函数和变量等。本节介绍了如何编写头文件,并定义类和函数的接口。

在这里,先介绍 C++ 中的类,分为三种访问权限:公有、私有和保护。这些权限用于控制类成员的可见性和访问级别。

- 公有访问权限(Public Access)

在类的公有部分中声明的成员(成员函数和成员变量)可以在类的外部被访问。这意味着这些成员可以被类的对象或通过类的对象访问,也可以在类的外部使用类的对象访问。公有成员通常用于类的接口,以便其他代码可以与类进行交互。

- 私有访问权限(Private Access)

私有成员只能在定义它们的类内部访问,外部的代码无法直接访问私有成员。这使得私有成员对外部用户来说是隐藏的,从而实现了类的封装。

- 保护访问权限(Protected Access)

保护成员的访问权限介于公有和私有之间,保护成员可以在派生类中访问,但在类的外部无法直接访问。这使得派生类可以访问其基类的保护成员,但其他外部代码仍然无法访问这些成员。

我们围绕时钟闹钟案例编写了 4 个头文件分别是 AlarmTone.h、Clock.h、Button.h以及 config.h,接下来分别对这 4 个头文件的编写过程进行描述。

1. AlarmTone.h

(1) 避免头文件被重复定义:

```
#ifndef __ALARM_TONE_H__
#define __ALARM_TONE_H__
```

这些行在 C 和 C++ 头文件中很常见,用于防止在单个编译单元中多次包含相同的头文件。__ALARM_TONE_H__ 宏用作此头文件的唯一标识符。如果宏尚未定义,则将包含后续代码;否则,这些宏中的代码将被跳过,在接下来的代码中就不再赘述头文件的定义。

(2) 以下为 AlarmTone 的公有类。

AlarmTone():AlarmTone 类的构造函数,用于初始化实例变量。

void begin(uint8_t pin):该函数用于初始化,并接收一个名为 pin 的 uint8_t 参数。

void play():该函数开始播放警报音。

void stop():该函数停止播放警报音。

(3) 私有部分存储有关警报音状态信息的变量。

uint8_t _pin:无符号 8 位整数,用于存储警报音的引脚号。

bool _playing:一个布尔标识,指示当前是否正在播放闹钟铃声。

uint8_t _tone_index:一个无符号 8 位整数,用于跟踪当前正在播放的音调。

unsigned long _last_tone_time:一个 unsigned long 型数,用于存储最后播放音调的时间。

```
#ifndef __ALARM_TONE_H__
#define __ALARM_TONE_H__                          //条件定义头文件
class AlarmTone {
    public:
    AlarmTone();                                  //闹铃对象构造函数
```

```
      void begin(uint8_t pin);                     //对应引脚初始化
      void play();                                 //开始闹铃
      void stop();                                 //结束闹铃
   private:
      uint8_t _pin;                                //初始化报警器引脚
      bool _playing;                               //是否正在播放状态标识
      uint8_t _tone_index;                         //音乐播放序列
      unsigned long _last_tone_time;               //存储上次响铃时间
};
#endif                                             //结束头文件定义
```

2. Button.h

公共部分包含各种成员函数，这些函数提供使用按钮的功能，例如读取按钮状态（read()）、检测切换（has_changed()）、检查按下（pressed()）和释放事件（released()）以及管理重复行为（set_repeat()）。此外，它还定义了两个常量：PRESSED 和 RELEASED，用于表示按钮的状态。

类的私有部分包含不能从类外部访问的成员函数和变量。具体包括：

```
#ifndef Button_h
#define Button_h                                   //条件定义头文件
#include "Arduino.h"                               //引用 arduino 的库
class Button
{
  public:
    Button(uint8_t pin, uint16_t debounce_ms = 100);  //设定按键引脚与消抖时间
    void begin();                                  //对应按键端口初始化
    bool read();                                   //读取按钮状态
    bool toggled();                   //按键从 on→off 的状态切换时对应调用的函数
    bool pressed();                                //按键是否按下标识
    bool released();                               //按键释放事件
    bool has_changed();                            //检测切换
    uint16_t repeat_count();                       //管理重复行为
    void set_repeat(int16_t delay_ms, int16_t repeat_ms);
                                      //设置单位重复时间及重复消抖时间
    const static bool PRESSED = LOW;               //按钮按下状态的布尔变量定义为 LOW
    const static bool RELEASED = HIGH;             //按钮松开状态的布尔变量定义为 HIGH
  private:
    uint16_t repeats_since_press();                //按键单次按下对应函数
    uint8_t _pin;                                  //按键引脚
    uint16_t _delay;                               //延迟抖动时间设置
    bool _state;                                   //表示按键高低电平状态
    uint32_t _ignore_until;                        //按键抖动忽略时间
    bool _has_changed;                             //按键是否标识位
    uint16_t _reported_repeats;                    //记录反复按下次数
    int16_t _repeat_delay_ms;                      //反复按下消抖
    int16_t _repeat_ms;                            //规定反复按下一次时长
```

```
};
#endif                                        //结束头文件定义
```

3. config.h

宏定义：宏定义是一种预处理指令，用于定义常量、宏函数和条件编译等。本节介绍了如何使用宏定义来简化代码，并提高代码的可读性和可维护性。

该头文件 config.h 对一些常用变量进行了宏定义，从而使得某些数字量有了明确的意义，例如定义#define USE_RTC 1，通过该定义 USE_RTC 的 0/1 来决定是否使用时钟模块，从名字可知其含义。

同时，定义一些有明确含义的常量整数，例如 DEFAULT_ALARM_HOUR 设置为 9，这表明该常量可用于表示设置警报的默认小时。

```
#ifndef __CONFIG_H__
#define __CONFIG_H__                          //条件定义头文件
#define USE_RTC 1                             //是否使用 RTC 时钟模块
#define DISPLAY_TYPE COMMON_ANODE             //设定数码管为共阳极
const int ALARM_STATUS_DISPLAY_TIME = 1000;   //闹钟开关(on/off)显示时间(毫秒)
const int ALARM_HOUR_DISPLAY_TIME = 2500;     //闹钟闹铃时间时长(毫秒)
const int SNOOZE_DISPLAY_TIME = 500;          //休息状态显示时长(毫秒)
const int SNOOZE_TIME = 9;                    //闹钟短暂休眠时间设定为 9 分钟
const int DEFAULT_ALARM_HOUR = 9;             //对于无 RTC 模块默认的报警时间
#endif                                        //结束头文件定义
```

4. Clock.h

在 Clock.h 的类定义中，使用了公有类与私有类。

Clock()：用于初始化 Clock 对象的构造函数。

void begin()：用于初始化/设置的函数。

DateTime now()：获取当前日期和时间的函数。

void incrementMinute()：用于增加当前时间的分钟数的函数。

void incrementHour()：用于增加当前时间的小时数的函数。

bool alarmEnabled()：用于检查报警是否已启用的函数。

DateTime alarmTime()：获取设置的报警时间的函数。

bool alarmActive()：用于检查警报当前是否处于活动状态(例如，振铃)的功能。

void toggleAlarm()：用于切换报警状态的函数。

void snooze()：用于激活报警的 snooze 的函数。

void stopAlarm()：用于停止报警的函数。

void incrementAlarmHour()：用于增加报警时间的小时数的函数。

void incrementAlarmMinute()：用于增加报警时间的分钟数的函数。

（1）受保护 protected 的成员函数功能。

bool _isAlarmDueTime()：一个受保护的函数，用于检查是否到了警报的时间。

（2）受保护 protected 的成员变量。

_rtc：实时时钟（rtc）库的实例，rtc_DS1307 或 rtc_Millis 取决于 USE_rtc 预处理器宏。RTC 用于跟踪时间。

_alarm_hour 和 _alarm_minute：用于存储报警时间的小时和分钟的变量。

_alarm_state：表示报警的状态（例如，打开、关闭）。

_alarm_snooze_time：存储上次激活睡眠的时间戳。

（3）同上，避免头文件重复声明：

```
#ifndef __CLOCK_H__
#define __CLOCK_H__
```

（4）引用其他头文件：

```
#include <RTClib.h>              //时钟库
#include "config.h"              //常量映射库
```

（5）使用枚举对闹钟状态进行划分：

```
enum AlarmState {
    ALARM_DISABLED,              //此状态说明闹钟处于报警关闭状态
    ALARM_OFF,                   //对应时钟到达对应闹钟报警时间,则报警启动
    ALARM_ACTIVE,                //此状态说明闹钟正在报警
    ALARM_SNOOZED,               //此状态说明闹钟处于短暂暂停,将于几分钟之后再次报警
    ALARM_STOPPED,               //此状态为长按闹钟将闹钟永久关闭状态,除非主动按闹钟报警
                                 //按键,则可以再次进行闹钟报警状态(时钟到达对应时间就会
                                 //报警的状态)
};
```

（6）Clock 类定义的成员函数与成员变量以及对象，完成的类组成如下：

```
class Clock {
public:
    Clock();
    void begin();
    /* 时钟管理模块 */
    DateTime now();                        //当前时间
    void incrementMinute();                //增加时钟分钟
    void incrementHour();                  //增加时钟小时
    /* 闹钟管理模块 */
bool alarmEnabled();                        //闹钟使能
DateTime alarmTime();                       //闹钟时间
    bool alarmActive();                    //闹钟激活标识函数
    void toggleAlarm();                    //捕获闹钟状态
    void snooze();                         //短暂暂停闹钟
    void stopAlarm();                      //停止闹钟
    void incrementAlarmHour();             //增加闹钟小时
void incrementAlarmMinute();               //增加闹钟分钟
protected:
    bool _isAlarmDueTime();                //判断是否到达报警时间函数
```

```
#if USE_RTC                              //时钟模块设置
   RTC_DS1307 _rtc;
#else
   RTC_Millis _rtc;
#endif
byte _alarm_hour;                        //闹钟小时
byte _alarm_minute;                      //闹钟分钟
AlarmState _alarm_state;                 //闹钟状态
unsigned long _alarm_snooze_time;        //短暂暂停时间
};
#endif /* __CLOCK_H__ */
```

3.3.2　文件包含

文件包含是一种预处理指令,用于将其他文件的内容包含到当前文件中。本节介绍如何使用文件包含来引入头文件和其他源文件,以便在程序中使用类库的功能。

```
#include <SevSeg.h>                      //包含数码管库
#include "Button.h"                      //包含按键管库
#include "AlarmTone.h"                   //包含闹钟管库
#include "Clock.h"                       //包含时钟管库
#include "config.h"                      //变量端口库
```

在本闹钟案例中的 Arduino 文件即 alarm-clock.ino 通过以上的方式将各类的头文件包含进来,本网只需在相同网页中加入相应文件即可,无须各类文件对其进行路径的声明。

3.3.3　编写 cpp 文件

cpp 文件是类库的实现文件,用于定义类和函数的具体实现。本节介绍如何编写 cpp 文件,并实现类和函数的具体功能。

1. Clock.cpp

引入两个头文件:

```
#include <Arduino.h>                     //包含本身的 Arduino 库
#include "Clock.h"                       //时钟库
```

对以下变量进行宏定义处理主要有分钟的定义,一天的时长宏定义函数,闹钟报警使能,闹钟报警时与闹钟报警分钟的宏定义。

```
#define MINUTE 60 * 1000L    /* ms */    //定义分钟
#define TIMESPAN_DAY TimeSpan(1, 0, 0, 0) //定义一天跨度
#define NVRAM_ADDR_ALARM_ENABLED 0       //定义闹钟使能为 0,即关闭状态
#define NVRAM_ADDR_ALARM_HOUR    1       //默认闹钟报警时为默认小时
#define NVRAM_ADDR_ALARM_MINUTE  2       //默认闹钟报警分钟为 0 分钟
```

花括号｛｝：构造函数的函数体，其中的初始化列表在花括号之前使用冒号：分隔。

```
Clock::Clock()
  : _alarm_state(ALARM_OFF)
  , _alarm_snooze_time(0)
  , _alarm_hour(DEFAULT_ALARM_HOUR)
  , _alarm_minute(0) {
}
```

综上所述，这个构造函数在创建 Clock 类的实例时，会初始化该实例的一些成员变量；这样，可以确保对象在创建时就具有默认的初始状态，而不需要在构造函数的函数体中再分别赋值；初始化列表的使用有助于提高代码的效率和可读性。

＃if 指令与 ＃elif、＃else 和 ＃endif 指令一起控制源文件部分的编译。关于时钟，如果在代码中表达式（在 ＃if 后）中有一个非零值，则在翻译单元中保留紧跟 ＃if 指令的行组，例如＃ if USE_RTC，将 USE_RTC 宏定义为 1，则之后的代码将调用 RTC 模块来对时钟进行初始化，与此同时，如果 USE_RTC 宏定义为 0，则将编译 ＃else 之后的代码，DateTime zeroTime 即通过该时钟对象来对时钟进行初始化。

```
void Clock::begin() {
#if USE_RTC
  if (!_rtc.begin()) {
    Serial.println("Couldn't find RTC");    //串口提示找不到 RTC 模块
    abort();
  }
_alarm_state = _rtc.readnvram(NVRAM_ADDR_ALARM_ENABLED) ? ALARM_OFF : ALARM_
DISABLED;                             //根据 rtc 使能情况选择对应的闹钟状态
_alarm_hour = _rtc.readnvram(NVRAM_ADDR_ALARM_HOUR) % 24;    /* 获取小时 */
_ alarm_minute = _rtc.readnvram(NVRAM_ADDR_ALARM_MINUTE) % 60;
                                      /* 获取分钟 */
#else /* USE_RTC */
  DateTime zeroTime;                  //定义零时刻对象
  _rtc.begin(zeroTime);               //初始化 RTC
#endif
}
```

2. 时钟管理模块

在该成员函数 now()中，返回当前时间变量。

```
DateTime Clock::now() {
  return _rtc.now();                  //调用 RTC 返回当前时间
}
void Clock::incrementMinute() {       //增加时钟分钟
  DateTime now = _rtc.now();          //获取当前时间
  DateTime newTime = DateTime(now.year(), now.month(), now.day(), now.hour(),
(now.minute() + 1) % 60);             //在当前时间基础之上增加分钟
  _rtc.adjust(newTime);               //刷新时间
}
```

```
void Clock::incrementHour() {                    //增加时钟小时
  DateTime now = _rtc.now();                     //获取当前时间
  DateTime newTime = DateTime(now.year(), now.month(), now.day(),
  (now.hour() + 1) % 24, now.minute());          //在当前时间基础之上增加小时
  _rtc.adjust(newTime);                          //刷新时间
}
```

3. 闹钟管理模块

（1）该函数返回值为布尔值,用于判断时钟时间是否到达了报警时间,如果到达报警时间,则返回 true 的状态,那么对应的闹钟状态会切换成报警状态。

```
bool Clock::_isAlarmDueTime() {
  auto currentTime = now();                      //获取当前时间
  auto alarm = alarmTime();                      //获取报警时间
  return((currentTime.hour() == alarm.hour())
        &&(currentTime.minute() == alarm.minute()));   //判断两个时间是否相等
}
```

（2）与上一个函数一样,该函数返回值为布尔值,用于切换报警使能与失能的状态,此函数在 toggleAlarm()中调用,用来设置闹钟的 ON 与 OFF。

```
bool Clock::alarmEnabled() {
  return _alarm_state != ALARM_DISABLED;    //只要闹铃不处于关闭状态就返回 true
}
```

（3）此函数的返回值也是布尔变量,即根据报警状态返回对应状态,以下对 5 个状态进行依次讲解。

- ALARM_DISABLED：此状态说明闹钟属于报警关闭状态。
- ALARM_OFF：开启闹钟并当时钟到达设定闹钟报警时间时,报警启动。
- ALARM_ACTIVE：此状态说明闹钟正在报警。
- ALARM_SNOOZED：此状态说明闹钟进入短暂暂停,几分钟之后继续报警。
- ALARM_STOPPED：此状态为长按闹钟将闹钟永久关闭状态,除非主动按闹钟报警按键,则可以再次让闹钟进入报警状态(时钟到达对应时间就会报警的状态)。

```
bool Clock::alarmActive() {
  switch(_alarm_state) {
   case ALARM_DISABLED:                          //关闭状态,始终返回 false
     return false;
   case ALARM_OFF:                               //开启状态
     if (_isAlarmDueTime()) {                    //一旦到达报警时间
       _alarm_state = ALARM_ACTIVE;              //切换到报警激活状态
       return true;                              //并返回 true
     }
     return false;
   case ALARM_ACTIVE:                            //启动报警
     return true;
   case ALARM_SNOOZED:                           //暂停闹钟几分钟
```

```
        if (millis() >= _alarm_snooze_time) {        //是否到达暂停时间
          _alarm_state = ALARM_ACTIVE;               //暂停结束再次激活闹钟
          return true;
        }
        return false;
      case ALARM_STOPPED:                            //关闭闹铃,返回闹钟开启状态
        if (!_isAlarmDueTime()) {                    //未到达报警时间
          _alarm_state = ALARM_OFF;                  //切换闹钟状态为 off
        }
        return false;
      default:
        return false;
    }
  }
```

clock.toggleAlarm()成员函数应用于如下代码当中,即报警按钮函数中来捕获报警状态。

```
if (alarmButton.pressed()) {
    clock.toggleAlarm();                             //捕获报警状态
    changeDisplayState(DisplayAlarmStatus);
}
```

以下函数主要用于闹钟按键状态切换,即报警状态与非报警状态的切换,以便通过闹钟报警按键来启动闹钟或关闭闹钟:

```
void Clock::toggleAlarm() {
    bool enabled = !alarmEnabled();    /* 报警状态取反,即成功使能之后 _alarm_state
切换为 ALARM_DISABLED,以完成 on 与 off 的切换 */
    _alarm_state = enabled ? ALARM_OFF : ALARM_DISABLED;    //取对应状态
#if USE_RTC                                          //与上述宏定义类似
    _rtc.writenvram(NVRAM_ADDR_ALARM_ENABLED, enabled);
#endif
}
```

以下函数为闹钟时间设置函数:

```
DateTime Clock::alarmTime()  {
    DateTime now = _rtc.now();
    DateTime alarm = DateTime(now.year(), now.month(), now.day(), _alarm_hour, _
alarm_minute);                                       //得到报警时间
    return alarm >= now ? alarm : alarm + TIMESPAN_DAY;    /* 判断报警时间是否大于
当前时间,如果大于当前时间,那么将报警时间自动加一天 */
}
```

以下函数是报警状态切换函数,当报警状态被短时间按关闭后,出现小眠提示,将于几分钟之后再次报警。

```
void Clock::snooze() {
    _alarm_state = ALARM_SNOOZED;                    //切换为小眠状态
    _alarm_snooze_time = millis() + SNOOZE_TIME * MINUTE;    //休眠时间计算
}
```

以下函数用来长按报警以关闭闹钟,调用情况如下:

```
bool longPress = alarmButton.repeat_count() > 0;
    if (longPress) {                                //是否长按关闭闹钟
      clock.stopAlarm();
      changeDisplayState(DisplayClock);             //回到正常时间显示
    } else {                                        //还是暂停闹钟
      clock.snooze();
      changeDisplayState(DisplaySnooze);            //小眠显示
    }
void Clock::stopAlarm() {
  _alarm_state = ALARM_STOPPED;
}
```

以下两个成员函数和闹钟状态设置成员函数类似,用于设置闹钟报警的分钟和小时的数值:

```
void Clock::incrementAlarmHour() {                  //增加报警时间小时设定
  _alarm_hour = (_alarm_hour + 1) % 24;
  _alarm_state = ALARM_OFF;
#if USE_RTC                                          //是否使用较为准确的 RTC 模块
  _rtc.writenvram(NVRAM_ADDR_ALARM_HOUR, _alarm_hour);
#endif
}
void Clock::incrementAlarmMinute() {                //增加报警时间分钟设定
  _alarm_minute = (_alarm_minute + 1) % 60;
  _alarm_state = ALARM_OFF;
#if USE_RTC                                          //是否使用对 RTC 模块进行预处理
  _rtc.writenvram(NVRAM_ADDR_ALARM_MINUTE, _alarm_minute);
#endif                                              //结束预处理
}
```

4. Button.cpp

在介绍按钮前,我们引入 _delay(debounce_ms)按键消抖延迟时间以及 set_repeat 中的重复按键消抖延迟时间与重复按下单位次数的对应时间;将三者时间进行对比,可知按键对于消抖时间的应用非常重要,主要从以下几方面进行描述。

(1)按键单次按下与连续按下各自表现的功能,即通过按下时间除以重复单位时间得到对应的按下总次数,利用线性关系:

```
uint32_t press_time = millis() - _ignore_until;  //获取按键按下时间
return 1 + (press_time - _repeat_delay_ms) / _repeat_ms;  //得到按下总次数
```

(2)按键连续按下被设置成单次按下响应功能,即通过设置 repeat_ms 来实现,代码如下:

```
repeat_ms                                        //该变量用来控制该按键是否启动连续按下模式
  if (_repeat_ms <= 0)                           //不管按下时间多久都是返回单次按下
  {return 1;}
```

（3）消抖延迟时间来减少按键扰动，从而使按键实际按下次数与单片机统计次数相对应：

```
Button::Button(uint8_t pin, uint16_t debounce_ms)
: _pin(pin)
, _delay(debounce_ms)
, _state(HIGH)
, _ignore_until(0)
, _has_changed(false)
, _reported_repeats(0)
, _repeat_delay_ms(-1)
, _repeat_ms(-1)
{
}
```

- "_pin"是类型为 uint8_t（无符号 8 位整数）的成员变量，它用传递给构造函数的 pin 参数的值初始化。
- "_delay"是类型为 uint16_t（无符号 16 位整数）的成员变量，它用传递给构造函数的 debounce_ms 参数的值初始化。
- "_state"是用值 HIGH 初始化的未指定类型（可能是布尔值或枚举）的成员变量。
- "_ignore_until"是用值 0 初始化延迟时间的数值变量。
- "has_changed"是一个布尔成员变量，用值 false 初始化。
- "_reported_repeats"是用值 0 初始化的未指定类型的成员变量。
- "_repeat_delay_ms"是用值 −1 初始化的 int 类型的成员变量。
- "_repeat_ms"是用值 −1 初始化的 int 类型的成员变量，即关闭连续按下模式。

```
void Button::begin() {               //按键对应 I/O 口输入模式初始化
pinMode(_pin, INPUT_PULLUP);
}
bool Button::read()                  //按键 I/O 端口读取
{
if (_ignore_until > millis())        //按键进行对应消抖
    {
}
else if (digitalRead(_pin) != _state) //判断端口是否发生变化
    {
        _state = !_state;            //端口状态取反
            if (_state == RELEASED)  //按键按钮松开判断
            {
_reported_repeats = repeats_since_press(); //返回按钮按下的重复次数
            }
        else
        {
        _reported_repeats = 0;       //重复次数清零，按键第一次按下
        }
        _ignore_until = millis() + _delay; //延迟时间刷新
            _has_changed = true;     //按键变化布尔值赋值
```

```
    }
return _state;                              //按键消抖期间保持上一次时刻
}
bool Button::toggled()                      //按键从打开到关闭的状态切换函数
{
read();                                     //按键 I/O 端口读取
return has_changed();
            //刷新_has_changed 状态布尔值,返回开关变化 true 或者 false 的状态
}
bool Button::has_changed()                  //跟在 read()之后刷新对应按键值
{
if (_has_changed)
{
        _has_changed = false;              //恢复按键变化逻辑值
        return true;
}
return false;
}
uint16_t Button::repeat_count()
//自按下按钮以来发生了多少次重复按下事件
{
return _state == PRESSED ? repeats_since_press() : _reported_repeats;    /* 如果
是在连续模式下来按下按键可以返回重复按下的次数;如果是在单次模式按下,且为长时间按下
的话,则返回 true */
}
bool Button::pressed()
{   //按钮是从关闭→打开或者反复按下
    if (read() == PRESSED)
{
        uint16_t old_repeats = _reported_repeats;
        _reported_repeats = repeats_since_press();
return (has_changed() || old_repeats != _reported_repeats);
    //前者是按键状态是否变化,后者是连续模式下长按按键的状态反馈
}
else
{
        return false;
    }
}
bool Button::released()
{   //按钮从开→关
return (read() == RELEASED && has_changed());
}
void Button::set_repeat(int16_t delay_ms, int16_t repeat_ms)
{   //按键状态设置,重复延迟时间设置或者是否启动按键重复按下状态设置
    _repeat_delay_ms = delay_ms > _delay ? delay_ms - _delay : 0;
    _repeat_ms = repeat_ms; //设置单次模式与连续模式
}
uint16_t Button::repeats_since_press()
```

```
{
    if (_repeat_delay_ms == -1 || millis() < _ignore_until + _repeat_delay_ms)
    {   //重复消抖延时
        return 0;
    }
    if (_repeat_ms <= 0)                            //设置为负数时,关闭重复计数
{
        return 1;
    }
}
//按键重复次数统计
    uint32_t press_time = millis() - _ignore_until;   //按下时间记录
    return 1 + (press_time - _repeat_delay_ms) / _repeat_ms;
                                                    //线性关系统计按下次数
}
```

5. AlarmTone.cpp

```
//引用 Arduino 头文件与声明引用"AlarmTone.h",声明 AlarmTone.cpp 中的 AlarmTone 类
//的成员函数 AlarmTone();begin(uint8_t pin);play();stop();以及各类私有变量成员
#define TONE_TIME 500                               //音调持续时间,单位毫秒
#define TONE_SPACING 100                            //音调间隔时间,单位毫秒
static const uint16_t TONES[] = {                   //代表两个音调频率
  500,
  800,
};
const uint16_t NUM_TONES = sizeof(TONES) / sizeof(TONES[0]);
/* 音调个数定义了一个常量 NUM_TONES,其值为 TONES 数组的元素总字节大小除以第一个元
素的字节大小,通常用于获取数组的元素个数。*/
AlarmTone::AlarmTone()   /* 定义了 AlarmTone 类的构造函数,用于初始化该类的对
象。*/
: _playing(false)           /* 初始化类的私有成员变量 _playing 为 false,表示初始时不
                              在播放状态。*/
, _tone_index(0)            /* 初始化类的私有成员变量 _tone_index 为 0,表示初始时音
                              调索引为 0。*/
, _last_tone_time(0)        /* 初始化类的私有成员变量 _last_tone_time 为 0,表示初始
                              时上一个音调的时间为 0。*/
{
}
void AlarmTone::begin(uint8_t pin) {                //音乐播放器对应引脚初始化
  _pin = pin;
  pinMode(_pin, OUTPUT);
}
void AlarmTone::play() {                            //音乐播放器启动
  if (!_playing || _last_tone_time + TONE_TIME + TONE_SPACING < millis()) {
    //第一次播放或者到达音乐切换时间
    tone(_pin, TONES[_tone_index], TONE_TIME);      //播放当前音乐
    _tone_index = (_tone_index + 1) % NUM_TONES;    //获取当前曲调
    _last_tone_time = millis();                     //获取当前音乐播放时间
  }
```

```
  _playing = true;                              //表示当前正在播放音乐
}
void AlarmTone::stop() {                        //音乐播放器停止
  noTone(_pin);                                 //关闭播放
  _tone_index = 0;                              //播放序列为 0
  _playing = false;                             //表示播放音乐停止
}
```

3.3.4　建立示例程序

　　建立示例程序是为了演示如何使用已编写的类库。本节介绍如何编写一个较为复杂的示例程序，以展示类库的用法和功能。

　　通过学习和掌握以上内容，可以更好地使用和编写类库，提高程序的可读性、可维护性和重用性，从而提高开发效率和代码质量，可以自己使用 C 或 C++ 进行简单程序的开发。

　　最终，本案例通过 alarm-clock.ino 调用闹钟案例的各自.cpp 文件，从而完成整个闹钟工作。

　　综上所述，通过 #include 实现各类.cpp 文件和库文件的调用，在 #include 中把类中的成员函数、成员进行声明，并且编译的时候包含至主程序，从而保证程序完整运行不报错。

```
#include <SevSeg.h>                             //调用数码管库
#include "Button.h"                             //调用按键管库
#include "AlarmTone.h"                          //调用闹铃管库
#include "Clock.h"                              //调用时钟管库
#include "config.h"                             //调用常量映射管库

const int COLON_PIN = 13;                       //数码管冒号引脚
const int SPEAKER_PIN = A3;                     //闹钟报警引脚

Button hourButton(A0);                          //初始化时钟小时引脚
Button minuteButton(A1);                        //初始化时钟分钟引脚
Button alarmButton(A2);                         //初始化闹钟引脚

AlarmTone alarmTone;                            //引用闹钟对象
Clock clock;                                    //引用时钟对象
SevSeg sevseg;                                  //引用数码管对象

enum DisplayState {                             //列举其 5 种状态
  DisplayClock,                                 //正常时间显示
  DisplayAlarmStatus,                           //闹钟 on 与 off 状态显示
  DisplayAlarmTime,                             //闹铃时间显示状态
  DisplayAlarmActive,                           //闹铃响起状态
  DisplaySnooze,                                //小盹模式
};
```

```
DisplayState displayState = DisplayClock;          //初始化为时钟正常显示状态
long lastStateChange = 0;

void changeDisplayState(DisplayState newValue) {    //状态切换函数
  displayState = newValue;
  lastStateChange = millis();
}

long millisSinceStateChange() {                     //刷新时间
  return millis() - lastStateChange;
}

void setColon(bool value) {                         //设定数码管冒号引脚的亮与灭
  digitalWrite(COLON_PIN, value ? LOW : HIGH);
}

void displayTime() {                               //正常显示当前时间
  DateTime now = clock.now();                      //通过时钟对象获取当前时间
  bool blinkState = now.second() % 2 == 0;         //偶数取 0,奇数取 1
  sevseg.setNumber(now.hour() * 100 + now.minute()); //显示数码管当前时间
  setColon(blinkState);                            //实现数码管冒号闪烁
}

void clockState() {                                //正常时钟显示状态
  displayTime();
  if (alarmButton.read() == Button::RELEASED && clock.alarmActive()) {
    alarmButton.has_changed();                     //清除_has_changed 的状态
    changeDisplayState(DisplayAlarmActive);        //切换为闹铃模式
    return;
  }
  //判断是否有对应的闹钟键按下
  if (hourButton.pressed()) {                       //是否调整小时
    clock.incrementHour();
  }
  if (minuteButton.pressed()) {                     //是否调整分钟
    clock.incrementMinute();
  }
  if (alarmButton.pressed()) {                      //是否捕获闹钟模式
    clock.toggleAlarm();                            //获取当前闹钟 on 与 off 的状态
    changeDisplayState(DisplayAlarmStatus);         //切换为闹铃时间设定模式
  }
}
void alarmStatusState() {
  setColon(false);                                  //关闭数码管冒号
  sevseg.setChars(clock.alarmEnabled() ?" on" : " off");
                                                    //根据闹钟状态显示 on 或 off
  if (millisSinceStateChange() > ALARM_STATUS_DISPLAY_TIME) {
    changeDisplayState(clock.alarmEnabled() ? DisplayAlarmTime : DisplayClock);
                          //根据闹钟状态开与关切换到闹钟时间或正常时间模式
```

```
      return;
  }
}
void alarmTimeState() {                              //闹钟响铃时间的设定
  DateTime alarm = clock.alarmTime();               //获取闹钟时间
  sevseg.setNumber(alarm.hour() * 100 + alarm.minute(), -1);   //显示
  if (millisSinceStateChange() > ALARM_HOUR_DISPLAY_TIME || alarmButton.
pressed()) {                                        //闹铃时间是否到限或按下闹钟键
    changeDisplayState(DisplayClock);               //切换为正常时间显示模式
    return;
  }

  if (hourButton.pressed()) {
    clock.incrementAlarmHour();                     //增加闹钟小时
    lastStateChange = millis();                     //刷新当前时间
  }
  if (minuteButton.pressed()) {
    clock.incrementAlarmMinute();                   //增加闹钟分钟
    lastStateChange = millis();                     //刷新当前时间
  }
}

void alarmState() {                                 //闹钟响铃状态
  displayTime();                                    //显示正常时间
  if (alarmButton.read() == Button::RELEASED) {
    alarmTone.play();                               //报警
  }
  if (alarmButton.pressed()) {
    alarmTone.stop();                               //停止报警
  }
  if (alarmButton.released()) {                     //闹钟键按下之后弹起
    alarmTone.stop();                               //关闭闹铃
    bool longPress = alarmButton.repeat_count() > 0;
    if (longPress) {                                //是否长按关闭闹钟
      clock.stopAlarm();                            //关闭闹铃
      changeDisplayState(DisplayClock);             //返回正常显示时钟模式
    } else {
      clock.snooze();                               //进入小盹
      changeDisplayState(DisplaySnooze);            //切换为小盹模式
    }
  }
}

void snoozeState() {
  sevseg.setChars("****");                          //显示----提示小盹
  if (millisSinceStateChange() > SNOOZE_DISPLAY_TIME) {   //是否完成休眠提示
    changeDisplayState(DisplayClock);               //返回正常显示时钟模式
    return;
  }
```

```
}


void setup() {
  Serial.begin(115200);                       //初始化串口
  clock.begin();                              //初始化时钟
  hourButton.begin();                         //初始化小时按钮
  hourButton.set_repeat(500, 200);            //设置连续按下模式,每次为200ms
  minuteButton.begin();                       //初始化分钟按钮
  minuteButton.set_repeat(500, 200);          //设置连续按下模式,每次为200ms
  alarmButton.begin();                        //初始化闹铃按钮
  alarmButton.set_repeat(1000, -1);           //设置单次按下模式
  alarmTone.begin(SPEAKER_PIN);               //初始化闹铃引脚
  pinMode(COLON_PIN, OUTPUT);                 //设置冒号引脚为输出模式

  byte digits = 4;                            //四段数码管
  byte digitPins[] = {2, 3, 4, 5};            //数码管位选引脚
  byte segmentPins[] = {6, 7, 8, 9, 10, 11, 12}; //数码管段选引脚
  bool resistorsOnSegments = false;
  bool updateWithDelays = false;
  bool leadingZeros = true;
  bool disableDecPoint = true;
  sevseg.begin(DISPLAY_TYPE, digits, digitPins, segmentPins, resistorsOnSegments,
updateWithDelays, leadingZeros, disableDecPoint); /*初始化*/
  sevseg.setBrightness(90);                   //数码管亮度
}


void loop() {                                 //开始循环控制
  sevseg.refreshDisplay();                    //刷新数码管

  switch (displayState) {          //displayState 根据该变量切换到对应模式进行工作
    case DisplayClock:                        //展示当前时钟时间
     clockState();
      break;
    case DisplayAlarmStatus:                  //提示闹钟开与关
      alarmStatusState();
      break;
    case DisplayAlarmTime:                    //显示闹钟响铃时间
      alarmTimeState();
      break;
    case DisplayAlarmActive:                  //闹钟报警处理状态
      alarmState();
      break;
    case DisplaySnooze:                       //时间休眠状态短暂休息
      snoozeState();
      break;
  }
}
```

时钟闹铃案例流程如图 3-8 所示。

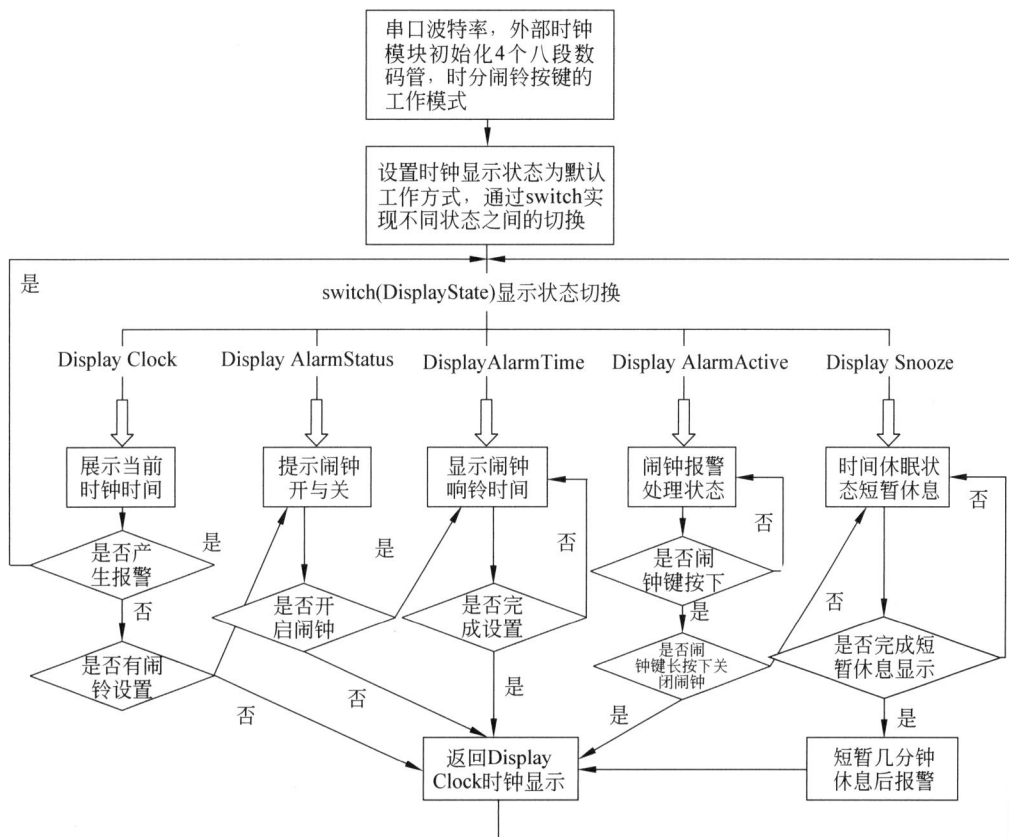

图 3-8　时钟闹铃案例流程图

3.4　Wokwi 的文件导入与配置

参考本书第 1 章的 1.5 节(认识 Wokwi 工程文件的创建、导入以及运行),将对应的文件导入改成闹钟案例的相关文件即可。

相关文件的创建方法如下。

方法一:相关文件的创建可以参考工程文件的创建,依次创建之后,最终完成整个项目的构造。

方法二:可以在其他代码编译平台编写相关文件,平台例如 Notepad++,编写完成后将其统一导入。

第 4 章

基于 Wokwi 的传感器简单应用

4.1 光电阻传感器模块

4.1.1 应用背景

光电阻(LDR)传感器可以应用于需要长时间保持一定光照度的地方,例如,长日照植物养殖大棚。因此,我们可以通过该传感器结合日照光对光源光照度进行自适应调节。

4.1.2 软硬件使用介绍

光电阻传感器模块如图 4-1 所示,其中,引脚有 VCC、GND、数字量输出引脚 D0、模拟量输出引脚 A0。

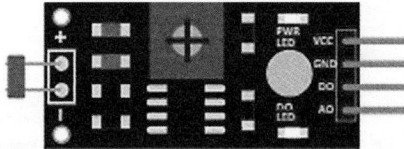

图 4-1 光电阻传感器

```
#include <LiquidCrystal_I2C.h>
#define LDR_PIN 2
//光电阻传感器特性参数
const float GAMMA = 0.7;
const float RL10 = 50;
//一般 LCD1602 有两种配置,这里使用的是 I2C 配置
LiquidCrystal_I2C lcd(0x27, 20, 4);
void setup() {
  pinMode(LDR_PIN, INPUT);                //初始化接收光感电压引脚
  lcd.init();                             //LCD 初始化
  lcd.backlight();                        //LCD 背光初始化
}
```

以下代码将 analogRead()的返回值转换为照明值(勒克斯)并且根据不同的光照度实现不同提示的输出:

```
void loop() {
  int analogValue = analogRead(A0);              //对传感器引脚模拟电压读取
  float voltage = analogValue / 1024. * 5;       //将模电电压信号转成 0~5V 电压
  float resistance = 2000 * voltage / (1 - voltage / 5);
                                                 //计算相应电压对应的电阻
  float lux = pow(RL10 * 1e3 * pow(10, GAMMA) / resistance, (1 / GAMMA));
                                                 //计算对应的光照度
  lcd.setCursor(2, 0);                           //设定 LCD 显示的内容行,第 0 行第二格
  lcd.print("Room: ");                           //根据光照值显示对应提示内容
  if (lux > 50) {
    lcd.print("Light!");
  } else {
    lcd.print("Dark  ");
  }
  lcd.setCursor(0, 1);                           //设定 LCD 显示的内容行,第 0 行第一格
  lcd.print("Lux: ");
  lcd.print(lux);
  lcd.print("         ");
  delay(100);
}
```

4.1.3 仿真测试

单击仿真测试按钮,仿真运行结果如图 4-2 所示,主要有 Light 与 Dark 两种情况。

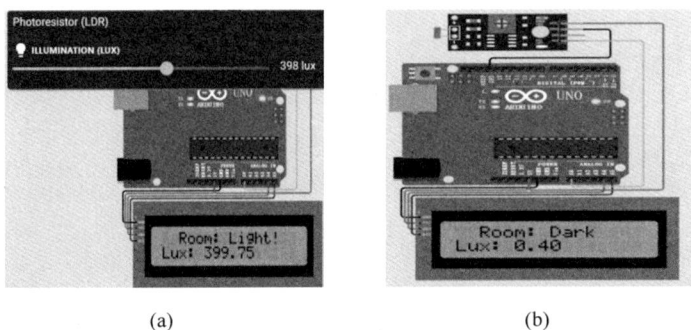

(a)   (b)

图 4-2 仿真测试

4.2 被动红外传感器

4.2.1 应用背景

PIR 传感器,又称"人体红外线传感器",是一种可以探测人体热量的电子元件。它通过探测周围环境中的红外线辐射来感知人体的存在,因此通常被用作安防领域中的移动侦测器。当有物体(通常是人体)进入传感器感知范围时,红外线探测器会感知到周围环境中的红外线辐射的变化,并将这个信号传递给信号处理器进行处理。如果处理器检测到辐射的变化达到了设定的阈值,就会触发警报或其他预定的操作。

4.2.2 软硬件使用介绍

被动红外传感器模块如图 4-3 所示,其中,引脚由 VCC(+)、GND(-)、数字量输出引脚 OUT(D)构成。

图 4-3 被动红外传感器

其中,被动红外传感器测试代码如下:

```
int ledPin = 13;                              //选择 LED 灯控制引脚
int inputPin = 2;                             //选择接收传感器信号引脚
int pirState = LOW;                           //开始时将引脚状态设置为低电平
int val = 0;                                  //存放引脚状态的变量
void setup() {
  pinMode(ledPin, OUTPUT);                    //LED 控制引脚为输出
  pinMode(inputPin, INPUT);                   //传感器检测引脚为输入
  Serial.begin(9600);
}
void loop() {
  val = digitalRead(inputPin);               //读取传感器的引脚值
  if (val == HIGH) {                          //查看传感器输出引脚是否为高电平
    digitalWrite(ledPin, HIGH);              //点亮 LED 灯
    if (pirState == LOW) {
      //只显示引脚电平变化时,打印传感器输出提示
      Serial.println("Motion detected!");
      //更新引脚状态变量,等待下一次刷新
      pirState = HIGH;
    }
  } else {                                    //完成本次运动仿真
    digitalWrite(ledPin, LOW);              //关闭 LED 灯
    if (pirState == HIGH) {
      Serial.println("Motion ended!");
      //更新状态变量,以便检测下次模拟运动的到来
      pirState = LOW;
    }
  }
}
```

4.2.3 仿真测试

要触发 PIR 运动传感器:

(1) 通过单击传感器(在模拟运行时)来选择传感器。

1

（2）打开一个小的弹出窗口。单击"模拟运动"按钮。

说明：触发传感器将使 OUT 引脚输出高电平 5s（延迟时间），然后输出电平又变低。在接下来的 1.2s（抑制时间），传感器将忽略任何进一步的输入，然后再次开始感应运动，如图 4-4 所示。

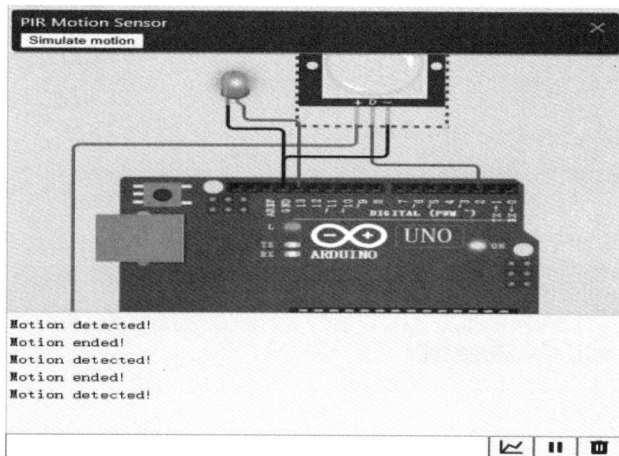

图 4-4　仿真测试

4.3　MPU6050 6 轴加速和陀螺仪传感器

4.3.1　应用背景

MPU6050 通常用于飞行器控制和移动设备等，其中，在飞行器中通过陀螺仪测量角速度，通过加速度计测量加速度，可以计算它的姿态（俯仰、横滚和偏航）；同时，在移动设备中，可以使用陀螺仪传感器来检测设备的方向、倾斜和运动，例如小米手环以及手机等移动设备。

4.3.2　软硬件使用介绍

MPU6050 模块如图 4-5 所示，其中，引脚由 VCC（＋）、GND（－）、I²C 通信的时钟引脚（SCL）、数据引脚（SDA）、中断引脚 INT、地址片选引脚 A0 以及本平台未用到的引脚 XCL 和 XDA 构成。

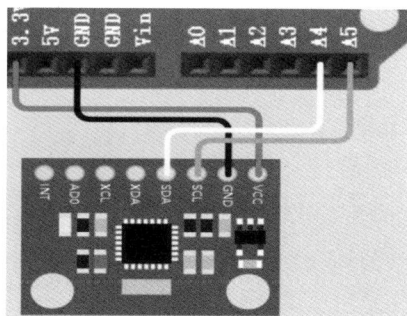

图 4-5　MPU6050

其中,陀螺仪传感器测试代码如下:

```
//Adafruit_MPU6050 mpu;
//定义一个陀螺仪对象
void setup(void) {
  Serial.begin(115200);
//初始化陀螺仪
  while (!mpu.begin()) {
    Serial.println("MPU6050 not connected!");
    delay(1000);
  }
  Serial.println("MPU6050 ready!");
}
//定义一个传感器事件对象
sensors_event_t event;
void loop() {
/* mpu.getAccelerometerSensor()返回的实例调用'getEvent'方法,将速度传感器的事件
数据存储到一个名为 event 的变量中 */
/* 这里使用了指针'&event'的地址传递给'getEvent'的方法,以便实现对内部传感器数据进
行操作 */
mpu.getAccelerometerSensor()->getEvent(&event);
  Serial.print("[");
//打印当前时间
  Serial.print(millis());
  Serial.print("] X: ");
  Serial.print(event.acceleration.x);
  Serial.print(", Y: ");
  Serial.print(event.acceleration.y);
  Serial.print(", Z: ");
  Serial.print(event.acceleration.z);
  Serial.println(" m/s^2");
  delay(500);
}
```

4.3.3　仿真测试

单击"仿真测试"按钮,传感器的三轴加速度信息和时间信息从串口开始每隔 0.5s 打印一次,具体显示如图 4-6 所示。

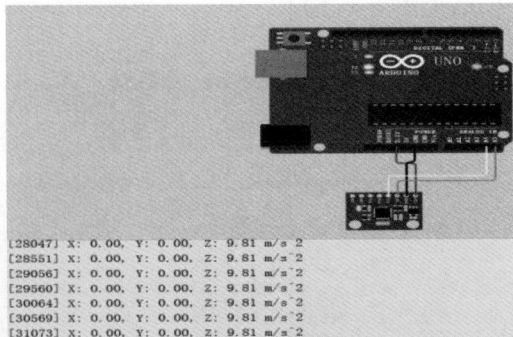

图 4-6　仿真测试

4.4　旋转编码器模块

4.4.1　应用背景

编码器的应用场景非常多,有电机控制、机器人技术以及数控机床等。

其中,在机器人领域,旋转编码器被用于测量关节的角度,从而完成移动机器人路程统计,以便对机器人的运动进行准确控制。这对于机器人的定位、路径规划和避障等方面都非常关键。

4.4.2　软硬件使用介绍

旋转编码器模块如图 4-7 所示,其中,引脚由 VCC(＋)、GND(－)、旋转编码器引脚 A(CLK)、旋转编码器引脚 B(DT)以及按钮按下引脚(SW)构成。

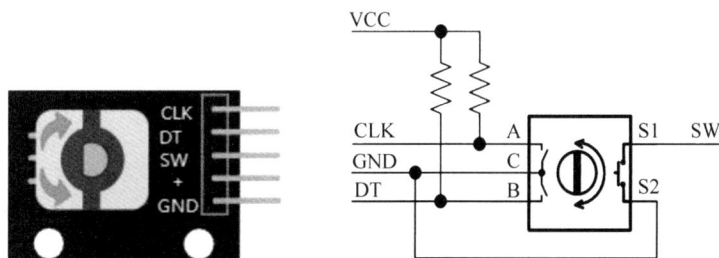

图 4-7　旋转编码器

该开关正常情况下 S1 与 S2 处于断开状态,从而 SW 默认输入为高电平;当开关被按下时,S1、S2 与 GND 相连,从而 SW 与 GND 相接。

以下案例是基于串口通信的编码器测试案例。

```
#define ENCODER_CLK 2                    //宏定义相关引脚
#define ENCODER_DT  3
```

以下是旋转编码器 DT 和 CLK 引脚顺时针以及逆时针旋转时对应的电平信号图,由图 4-8 可知,我们可通过编码器旋转引起的电平持续时间的不同,来判断其旋转顺逆时针方向。

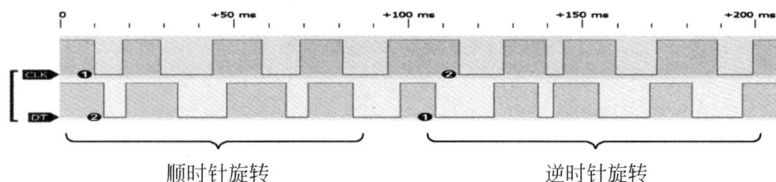

图 4-8　电平信号

以下是编码器 I/O 口初始化以及串口打印的相关信息。

```
void setup() {
```

```
    Serial.begin(115200);                      //设置串口波特率
    pinMode(ENCODER_CLK, INPUT);               //编码器 A 相引脚
    pinMode(ENCODER_DT, INPUT);                //编码器 B 相引脚
}
int lastClk = HIGH;
void loop() {
    int newClk = digitalRead(ENCODER_CLK);     //编码脉冲技术端口
    if (newClk != lastClk) {

    lastClk = newClk;
    int dtValue = digitalRead(ENCODER_DT);
    if (newClk == LOW && dtValue == HIGH) {
        Serial.println("Rotated clockwise ▶▶");
//串口打印顺时针旋转编码信息
    }
    if (newClk == LOW && dtValue == LOW) {
        Serial.println("Rotated counterclockwise ◀◀");
//打印逆时针旋转编码信息
    }
    }
}
```

4.4.3　仿真测试

单击"仿真测试"按钮之后,单击编码器转向按钮,此时串口会打印方向信息;当按下顺时针按键时,串口信息输出 LED 提示灯亮起并在串口信息窗口输出相应的方向提示信息,具体显示如图 4-9 所示。

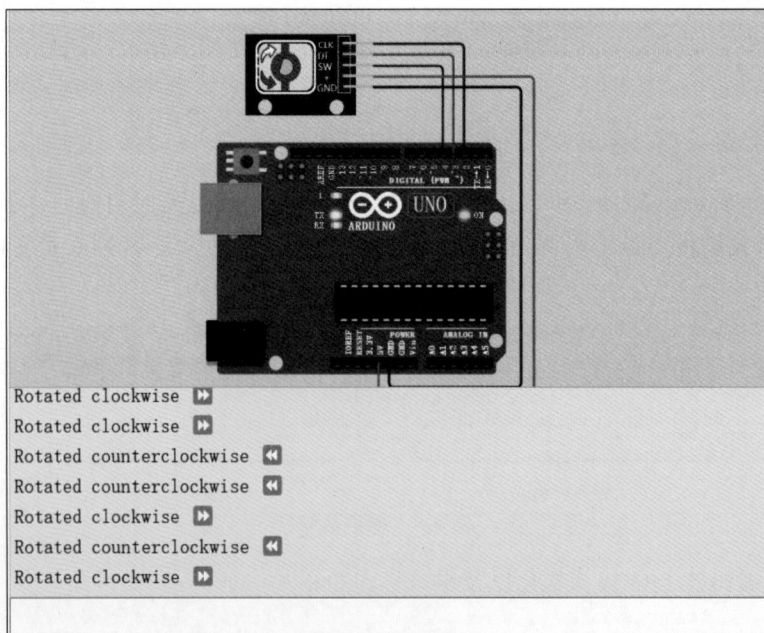

图 4-9　仿真测试

4.5 DHT22 数字湿度和温度传感器

4.5.1 应用背景

DHT22 是一种数字式温湿度传感器,不仅可以测量温度,还可以测量相对湿度,因此,在同时需要湿度和温度的场合,可以选用此传感器。

例如,该传感器可以用于气象站、气象球和其他气象设备中,以监测和记录大气中的湿度和温度变化。这对于天气预测、气候研究以及相关领域的工作非常关键。

4.5.2 软硬件使用介绍

DHT22 传感器模块如图 4-10 所示,其中,引脚由 VCC(＋)、GND(－)、单总线串行数据引脚(SDA)组成。

其中,DHT22 传感器工作过程如下所述。

(1) DHT22 上电后至少要延时 2s,越过不稳定状态后才能开始读取数据。

(2) 主机输出起始信号:主机与 DHT22 连接的 I/O 口设置为输出模式并输出 1ms 的低电平。

(3) 主机输出起始信号之后,由于是单总线通信,所以需要释放总线,以便传感器利用总线传输数据。

(4) 主机接收 DHT22 返回的应答信号。

(5) 主机接收 DHT22 返回的 40b 数据。

(6) DHT22 输出 40 位数据后,继续输出 $50\mu s$ 低电平后自动进入休眠状态,此时 DHT22 会变为输入模式随时接收主机发来的起始信号,只有接收到主机发来的起始信号才能唤醒,进入工作状态。

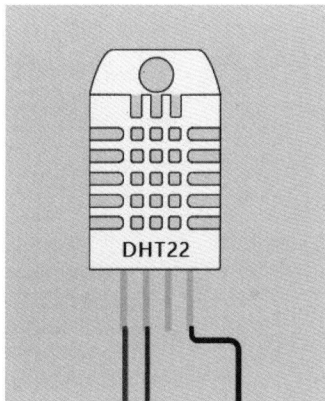

图 4-10　DHT22 传感器

(7) 校验接收到的 40 位数据。

(8) 读取 DHT22 数据的时间间隔至少要 2s。

仿真代码如下:

```
void loop() {
  //读取传感器数据并完成设备检测
  Serial.print("DHT22, \t");
  uint32_t start = micros();
  int chk = DHT.read22(DHT22_PIN);
  uint32_t stop = micros();
  switch(chk)
  {
    case DHTLIB_OK:
```

```
        stat.ok++;
        Serial.print("OK,\t");
        break;
    case DHTLIB_ERROR_CHECKSUM:
        stat.crc_error++;
        Serial.print("Checksum error,\t");
        break;
    case DHTLIB_ERROR_TIMEOUT:
        stat.time_out++;
        Serial.print("Time out error,\t");
        break;
    case DHTLIB_ERROR_CONNECT:
        stat.connect++;
        Serial.print("Connect error,\t");
        break;
    case DHTLIB_ERROR_ACK_L:
        stat.ack_l++;
        Serial.print("Ack Low error,\t");
        break;
    case DHTLIB_ERROR_ACK_H:
        stat.ack_h++;
        Serial.print("Ack High error,\t");
        break;
    default:
        stat.unknown++;
        Serial.print("Unknown error,\t");
        break;
    }
    //串口打印传感器数据
    Serial.print(DHT.humidity, 1);
    Serial.print(",\t");
    Serial.print(DHT.temperature, 1);
    Serial.print(",\t");
    Serial.print(stop - start);
    Serial.println();
    delay(2000);
}
```

4.5.3 仿真测试

单击"仿真测试"按钮之后,此时串口会打印温湿度信息以及传感器工作状态,具体显示如图 4-11 所示。

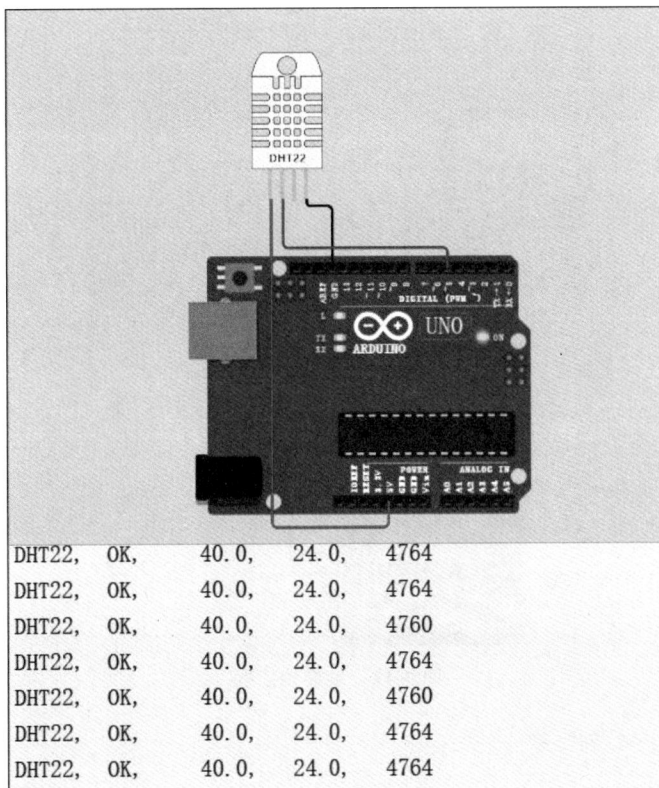

图 4-11　仿真测试

DHT22,	OK,	40.0,	24.0,	4764
DHT22,	OK,	40.0,	24.0,	4764
DHT22,	OK,	40.0,	24.0,	4760
DHT22,	OK,	40.0,	24.0,	4764
DHT22,	OK,	40.0,	24.0,	4760
DHT22,	OK,	40.0,	24.0,	4764
DHT22,	OK,	40.0,	24.0,	4764

4.6　模拟温度传感器

4.6.1　应用背景

NTC 热敏电阻是一种模拟温度传感器,其电阻值随温度的变化而变化。它主要用于测量温度,该传感器对于温度测量的精度非常高;因此,对温度条件要求较高的环境可以选用此传感器。

例如,在电子设备中,模拟温度传感器可用于监测电路板、芯片和其他关键元件的温度。这有助于防止过热,提高设备的性能和寿命。

4.6.2　软硬件使用介绍

温度传感器模块如图 4-12 所示,其中,引脚由 VCC(＋)、GND(－)以及模拟量电压读取引脚(OUT)组成。

```
const float BETA = 3950;              //仿真热敏电阻的 bata 系数
void setup() {
  Serial.begin(9600);
```

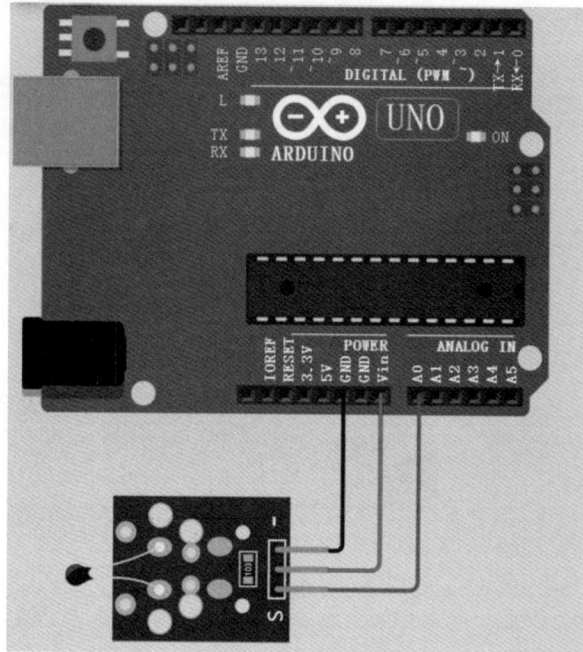

图 4-12　温度传感器

```
}
void loop() {
  int analogValue = analogRead(A0);            //ADC 模拟采集
  float celsius = 1 / (log(1 / (1023. / analogValue - 1)) / BETA + 1.0 / 298.15) -
273.15;
/*
```

电阻摄氏度进制转换公式解释如下

① analogValue 是从传感器读取的模拟值,通常代表热敏电阻的电阻值;

② 1023. / analogValue - 1 表示对电阻值进行缩放或变换;

③ 1 / (log(1 / (1023. / analogValue - 1)) / BETA + 1.0 / 298.15) - 273.15 是热敏电阻的斯特恩-沃尔夫方程(Steinhart-Hart equation)。它将电阻值转换为温度。其中,log 表示自然对数,BETA 是热敏电阻的 Beta 系数。

④ 273.15 是 Kelvin 和摄氏度之间的常数偏移。

```
*/
  Serial.print("Temperature: ");               //串口打印摄氏度温度值
  Serial.print(celsius);
  Serial.println(" ℃");
  delay(1000);
}
```

4.6.3　仿真测试

单击"仿真测试"按钮,串口窗口每秒打印出对应温度值,将温度从 32.9℃调整到 18.6℃

时,串口也打印相应温度,如图 4-13 所示。

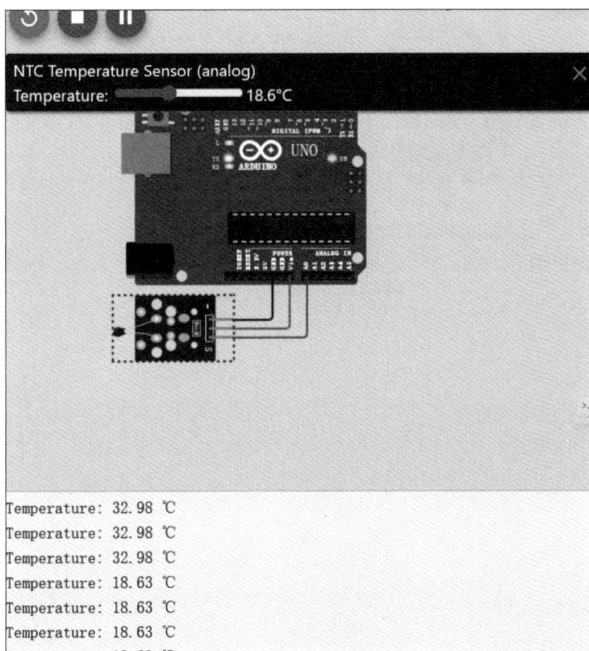

图 4-13　仿真测试

4.7　HC-SR04 超声波距离传感器

4.7.1　应用背景

HC-SR04 超声波模块常用于机器人避障、物体测距、液位检测、公共安防、停车场检测等场所。

其核心是两个超声波传感器,其中,一个用作发射器,将电信号转换为 40kHz 的超声波脉冲,另一个用作接收器监听发射。

如果接收到它们,将产生一个输出脉冲,其宽度可用于确定脉冲传播的距离。该传感器体积小,易于在任何机器人项目中使用,并提供 2~400cm(1~13 英尺)出色的非接触范围检测,精度为 3mm。由于它的工作电压为 5V,因此可以直接连接到 Arduino 或任何其他 5V 逻辑微控制器。

4.7.2　软硬件使用介绍

HC-SR04 超声波距离传感器模块如图 4-14 所示,其中,引脚由 VCC(+)、GND(−)、脉冲开始测量引脚(TRIG)以及测量高脉冲长度以获得距离引脚(ECHO)组成。

HC-SR04 超声波距离传感器测试代码如下:

```
#define PIN_TRIG 3
```

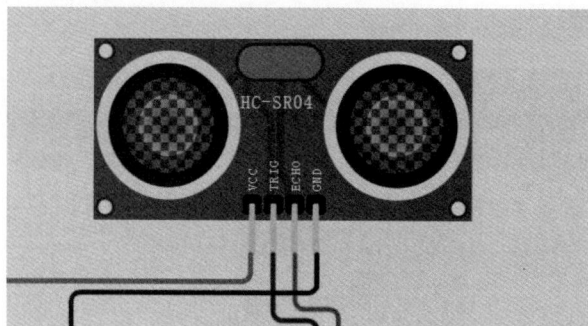

图 4-14　超声波模块

```
#define PIN_ECHO 2
void setup() {
  Serial.begin(115200);
  pinMode(PIN_TRIG, OUTPUT);
  pinMode(PIN_ECHO, INPUT);
}
void loop() {
  //开始测量
  digitalWrite(PIN_TRIG, HIGH);
  delayMicroseconds(10);                    //产生脉冲启动测量
  digitalWrite(PIN_TRIG, LOW);
  //读取测量结果
  int duration =          pulseIn(PIN_ECHO, HIGH);
//每秒串口打印超声波测量距离
  Serial.print("Distance in CM: ");
  Serial.println(duration / 58);
  Serial.print("Distance in inches: ");
  Serial.println(duration / 148);
  delay(1000);
}
```

4.7.3　仿真测试

要开始新的距离测量,可将 TRIG 引脚设置为 $10\mu s$ 或更久,之后等到 ECHO 引脚变高,并计算它保持高的时间(脉冲长度),其中,ECHO 高脉冲的长度与距离成正比。

单击"运行"按钮,串口输出相应的测试距离,如图 4-15 所示。

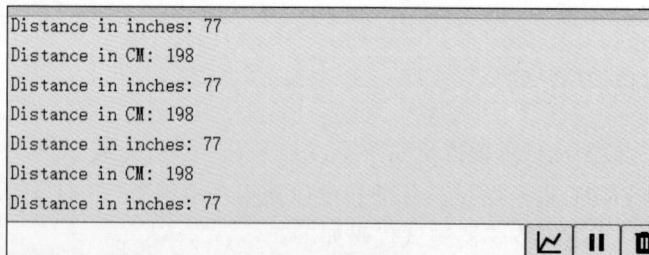

图 4-15　串口输出

　　单击图表中的 HC-SR04 图并使用滑块设置距离值。可以选择 2～400cm 的任何值，修改距离值得到不同的测试结果，如图 4-16 所示。

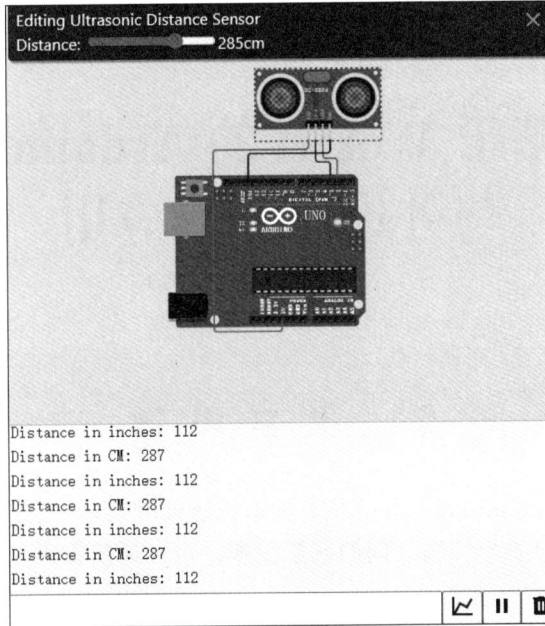

图 4-16　不同距离值的测试结果

第 5 章

基于 Wokwi 的 Arduino 与外设的通信应用

5.1 串 口 通 信

串口通信(Serial Communication)是一种串行通信方式,它通过顺序逐位传输数据,通常用于计算机和其他数字设备之间的数据交换。这种通信方式与并行通信相对,后者同时传输多位数据。

串口通信有以下特点。

- 传输模式:数据是一位接一位地顺序传输的。这意味着,与并行通信相比,串口通信的数据线更少,但传输速度较慢。

- 接口类型:常见的串口通信接口有 RS-232、RS-422、RS-485 等。其中,RS-232 是最常见的一种,经常用于连接计算机和外围设备。

- 信号电平:串口通信常使用不同的电平来表示二进制的 1 和 0。例如,在 RS-232 标准中,负电压表示 1,正电压表示 0。

- 波特率:串口通信的速度通常用波特率(Baud Rate)来表示,它指的是每秒钟可以传输的符号数量。波特率越高,数据传输速率越快。

- 应用场景:串口通信广泛应用于低速数据通信领域,如点对点通信、小型网络构建等。由于其简单和成本低廉的特点,使它在工业控制、传感器网络和初期的计算机通信中仍然非常常见。

该平台提供了一种向/从项目的 Arduino 代码发送/接收信息的方法。项目可以使用它来查看程序打印的调试消息,或发送命令控制项目的程序,这也为大家仿真程序调试提供不少便利。

Arduino UNO 和 MEGA 在硬件上都支持串行协议(USART)。串行监视器将自动连接到硬件串行端口并检测波特率,因此它是开箱即用的,不需要任何特殊配置。

其中,两者的串口发送引脚(TX)和串口接收引脚(RX)如图 5-1 所示。

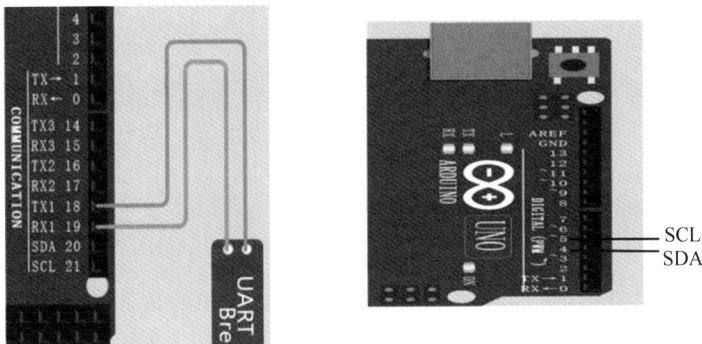

图 5-1　串口引脚

5.1.1　Arduino 与计算机通信的相关配置

```
void setup() {
    Serial.begin(115200);                    //设置相应的波特率
    Serial.println("Hello Arduino\n");
    }
void loop() {
    //Do nothing...
    }
```

（1）建立 Arduino UNO 的仿真文件,在初始化中配置好串口的波特率为 115200,并且打印"Hello Arduino"之后换行,主程序中未设置相关的操作代码,即完成 Arduino 端的配置。

（2）而串口监视器会自动匹配相应的通信口,因为 Arduino UNO 只有一对串口通信引脚,所以,在配置 Arduino 时,无须在 diagram.json 中设置相关的引脚说明,但是对于具有多对串口通信引脚的 Arduino MEGA,则需要对其进行如下说明。

Arduino Mega 有多个硬件串行端口,项目可以通过在 diagram.json 中配置引脚,将串行监视器连接到其他串行端口。例如,要将 serial 连接到串行监视器,可在 diagram.json 中的 connections 部分添加以下行:

```
[ "mega:0", "$serialMonitor:TX", "" ],
  [ "mega:1", "$serialMonitor:RX", "" ],
```

将 MEGA 后面的引脚号改为实际 ID。

注意:大家需将 $serialMonitor:TX 连接到项目的串行端口的 RX 引脚,并将 $serialMonitor:RX 连接到项目的串行端口的 TX 引脚,因为在通信过程中一方负责发送时,则另一方负责接收是一种对应的关系(交叉相连,互换角色,项目发我收,我发项目收)。

5.1.2　Arduino 串口通信函数

接下来将对 serial 类中几个用得较多的成员函数进行介绍。

Serial.begin()：设置串行数据传输的数据速率（以 b/s（baud）为单位）。要与串行监视器通信时，可选其常用的波特率为 300、600、1200、2400、4800、9600、14400、19200、28800、38400、57600、115200。

可选的第二个参数用于配置数据、奇偶校验和停止位。默认值为 8 个数据位，无奇偶校验，1 个停止位，例如 serial.begin（19200，SERIAL_5E1）语句设置串口波特率为 19200，数据位为 5，奇校验，停止位为 1。

SERIAL_8N1：（默认），其中，8 表示数据位，N 表示无校验，1 代表一个停止位。

SERIAL_5E1：（奇校验），其中，5 表示数据位，E 表示奇校验，1 代表一个停止位。

SERIAL_5O1：（偶校验），其中，5 表示数据位，O 表示偶校验，1 代表一个停止位。

Serial.print()：将数据作为人们可读的 ASCII 文本打印到串行端口。此命令可以采用多种形式。数字使用每个数字的 ASCII 字符打印。浮点数同样打印为 ASCII 数字，默认为小数点后两位。字节作为单个字符发送。字符和字符串按原样发送。

Serial.println()：将数据作为人类可读的 ASCII 文本打印到串行端口，后跟回车符（ASCII 13 或"\r"）和换行符（ASCII 10 或"\n"）。此命令采用与 Serial.print() 相同的形式，与前者的区别就是该打印函数自带回车，从而方便使用者对输出数据的观察。

Serial.write()：将二进制数据写入串行端口。此数据以字节或字节系列的形式发送，即显示该数据对应的 ASCII 码值对应的字符，要想直接输出表示数字的字符则应该用上述的 print() 之类。

将三个函数同时输出数字 65，即 65 对应 ASCII 码 A 的值，最终的输出结果如图 5-2 所示，write 输出 A，print 输出 65，println 输出 65 之后换行。

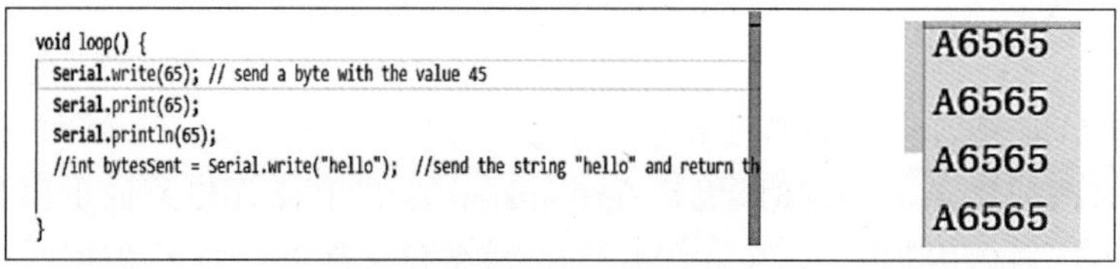

```
void loop() {
    Serial.write(65); // send a byte with the value 45
    Serial.print(65);
    Serial.println(65);
    //int bytesSent = Serial.write("hello"); //send the string "hello" and return th
}
```

```
A6565
A6565
A6565
A6565
```

图 5-2　串口通信测试

```
Serial.read():                              //读取传入的串行数据
int incomingByte = 0;                       //用于存储串口传输的数据
void setup() {
  Serial.begin(9600);
}
void loop() {
  if (Serial.available() > 0) {
    //读取接收数据
    incomingByte = Serial.read();
    //打印
    Serial.print("I received: ");
//并显示对应的 ASCII 码值
Serial.println(incomingByte, DEC);
  }
}
```

代码运行结果如图 5-3 所示。

图 5-3 代码运行结果

运行结果分析：输入 hello world，对输入的字符转成对应的 ASCII 码值，并使用 println 对输入的数据进行打印，输出结果如图 5-3 所示，可知最后两个字符为换行字符 ASCII 码值对应的内容，符合 println 的规则。

5.1.3 串口通信案例

以下案例是基于串口通信的编码器的测试案例。

```
#define ENCODER_CLK 2                       //宏定义相关引脚
#define ENCODER_DT  3
```

图 5-4 是旋转编码器 DT 和 CLK 引脚顺时针以及逆时针旋转时对应的电平信号。

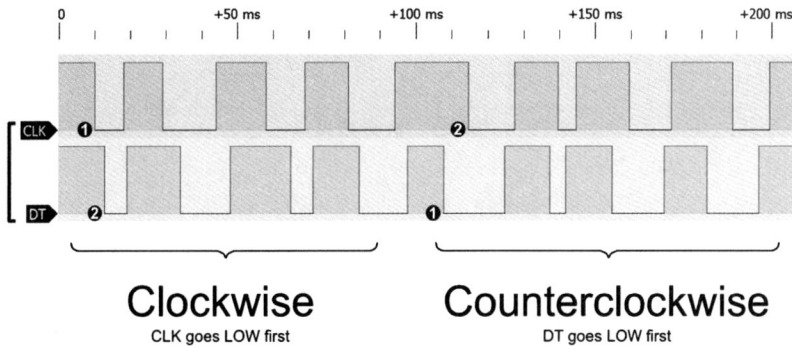

图 5-4 旋转编码器电平信号

```
void setup() {
  Serial.begin(115200);                     //设置串口波特率
  pinMode(ENCODER_CLK, INPUT);              //编码器 A 相引脚
  pinMode(ENCODER_DT, INPUT);               //编码器 B 相引脚
}
int lastClk = HIGH;
void loop() {
  int newClk = digitalRead(ENCODER_CLK);    //编码脉冲技术端口
  if (newClk != lastClk) {

    lastClk = newClk;
    int dtValue = digitalRead(ENCODER_DT);
```

```
  if (newClk == LOW && dtValue == HIGH) {
    Serial.println("Rotated clockwise ▶▶");
//串口打印顺时针旋转编码信息
  }
  if (newClk == LOW && dtValue == LOW) {
    Serial.println("Rotated counterclockwise ◀◀");
//打印逆时针旋转编码信息
  }
 }
}
```

运行结果如图 5-5 所示。

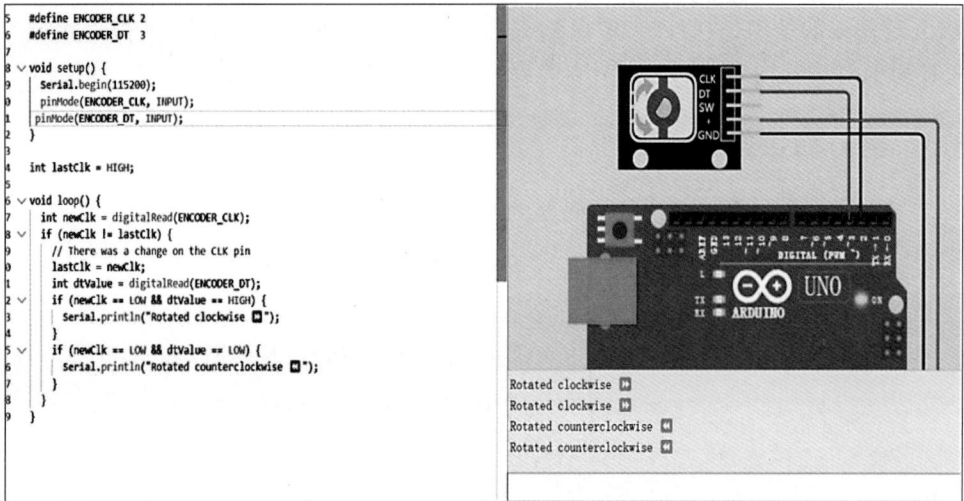

图 5-5　运行结果

5.2　I²C 总线通信

IIC 总线通信(Inter-Integrated Circuit,通常称为 I²C,读作"I-squared-C")是一种串行总线,并用于连接低速度的外围设备到主板、嵌入式系统或手机。这种通信协议由飞利浦半导体(现为恩智浦半导体)在 20 世纪 80 年代初期开发。

5.2.1　I²C 总线通信的主要特点

- 总线结构:I²C 使用两条线进行通信,一条是串行数据线(SDA),用于数据传输;另一条是串行时钟线(SCL),用于同步所有设备的时钟信号。
- 多主多从结构:I²C 支持多个主设备和多个从设备。任何主设备都可以发起与任何从设备的通信。总线上的设备通过唯一的地址进行识别。
- 通信方式:数据传输是通过 8 位字节完成的,每字节传输后都跟随一个确认位。这种通信方式使得数据传输稳定可靠。

- 速度等级：I^2C 总线有不同的速度等级，包括标准模式（100kb/s）、快速模式（400kb/s）、快速模式加（1Mb/s）以及高速模式（3.4Mb/s）。
- 应用范围：I^2C 广泛应用于连接低速外围设备，如传感器、存储器、显示器等，特别是在需要节省引脚数量和减少布线复杂度的嵌入式系统中。
- 简化布线：由于只需要两条线，I^2C 可以大大减少设备间连接的复杂性，尤其在连接大量小型集成电路时尤为有用。

5.2.2　I^2C 主机、从机和引脚

与串口通信一对一方式不同，I^2C 总线通信通常有主机与从机的区别。通信时，主机负责启动和终止数据传输并且输出时钟信号；从机会被主机寻址，同时响应主机的通信请求；其中，通信速率控制由主机完成，主机通过 SCL 引脚输出时钟信号以供所有从机使用。

由主机发起所有的通信，总线设备都有对应地址；从而主机可以通过这些地址对从机的任何设备发起连接，从机响应并建立连接之后，即可进行数据传输。

Wokwi 平台中，不同的控制器 I^2C 的接口位置不一致，如表 5-1 所列，数据线和时钟线的位置如图 5-6 所示。

表 5-1　I^2C 接口位置

控制器型号	数据线 SDA	时钟线 SCL
UNO	A4	A5
MEGA 2560	20	21

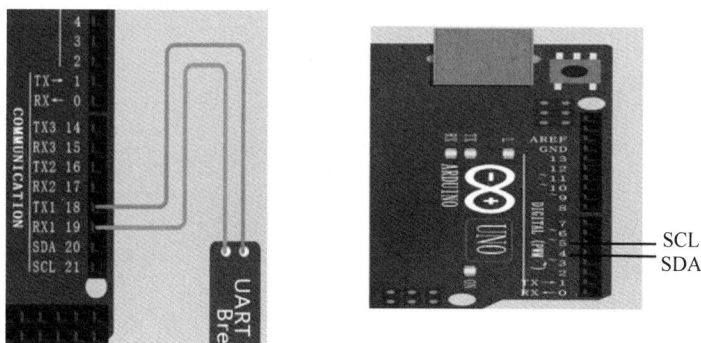

图 5-6　数据线与时钟线

5.2.3　Wire 类库成员函数

- Wire.begin()

功能：此函数初始化 Wire 库，并将 I^2C 总线连接为控制器或外围设备。此函数通常只应调用一次。

参数：7 位从机地址（可选）；如果未指定，则作为控制器设备加入总线。

返回：无。

• Wire.end()

功能：禁用 Wire 库，反转 Wire.begin() 的效果。在此之后若要再次使用 Wire 库，请再次调用 Wire.begn()。

• Wire.requestFrom()

功能：控制器设备（主机）向外围设备（从机）发送数据请求信号。在此之后，从机可以使用 onRequest() 注册一个事件以响应主机请求；主机可以使用 available() 和 read() 函数读取字节。

语法：Wire. requestFrom（address，quantity）或 Wire. requestFrom（address，quantity，stop）。

参数：address 为设备地址，quantity 为请求的字节数；其中，stop 为布尔变量，如果其为 true，将请求之后发送一条停止消息，释放 I^2C 总线；如果其为 false，将在请求之后发送一条重新启动的消息，总线不会被释放，其他设备无法占用总线。

返回：无。

• Wire.onRequest()

功能：从机向主机注册一个事件，当从机接收到主机数据请求时触发。

语法：Wire.onRequest(handler)。

参数：handler，可被触发的事件，其中，该事件没有参数和返回值，如 void mysensor()。

• Wire.onReceive()

功能：主机向从机注册一个事件，当从机接收到主机数据请求时触发。

语法：Wire.onReceive(handler)。

参数：handler，可被触发的事件，该事件带有一个 int 型参数（从主机读到的字节数）且没有返回值，如 void mysensor(int numbytes)。

• Wire.beginTransmission()

功能：设定传输数据到指定地址的从机设备。之后能用 write() 函数发送数据，并用对应 endTransmission() 函数终止数据传输。

语法：Wire.beginTransmission(address)。

参数：address，要发送的从机 7 位地址。

• Wire.endTransmission()

功能：结束数据传输。

语法：Wire.endTransmission() 或 Wire.endTransmission(stop)。

参数：stop 为 true 或 false。为 true 将发送停止消息，在传输后释放总线；为 false 将发送重新启动，使连接保持活动状态。

返回：0 为成功；1 为数据太长，无法放入传输缓冲区；2 为在地址传输时收到 NACK；3 为在数据传输时收到 NACK；4 为其他错误；5 为超时。

• Wire.write()

功能：当为主机状态时，主机将要发送的数据加入发送队列；当为从机状态时，从机发送数据至发起请求的主机。

语法：Wire.write(value) Wire.write(string) Wire.write(data，length)。

参数：value，要作为单字节发送的值；string，要作为一系列字节发送的字符串；data，要作为字节发送的数据数组；length，要传输的字节数。

返回：字节型值，返回输入字节大小。

• Wire.read()

功能：在主机，使用 Wire.requestFrom()函数发送数据请求信号后，需要使用其获得从机字节数据；在从机中用该函数读取主机的字节数据。

语法：Wire.read()。

返回：读到的字节数据。

• Wire.available()

功能：返回接收的字节数。在主机中，通常于主机发送数据请求后使用；在从机中，通常于数据接收事件中使用。

语法：Wire.available()。

返回：能够用于读取的字节数。

• Wire.setWireTimeout()

功能：设定主机传输数据的延迟时间。

语法：

Wire.setWireTimeout(timeout，reset_on_timeout)

Wire.setWireTimeout()。

参数：timeout 为超时时间（以 μs 为单位），如果为零，则禁用超时检查。

reset_on_timeout 为 true，则 Wire 硬件将在超时时自动重置；在不带参数的情况下调用此函数时，将配置默认超时，该超时应足以防止在典型单主配置中锁定，即某个操作或任务花费过长时间而导致系统无响应或锁定。

5.2.4　I^2C 连接方法

I^2C 的连接示意图如图 5-7 所示，将时钟线与数据线对应连接，并将主从设备都做共地处理（图中 GND 的地线并没有画出）。

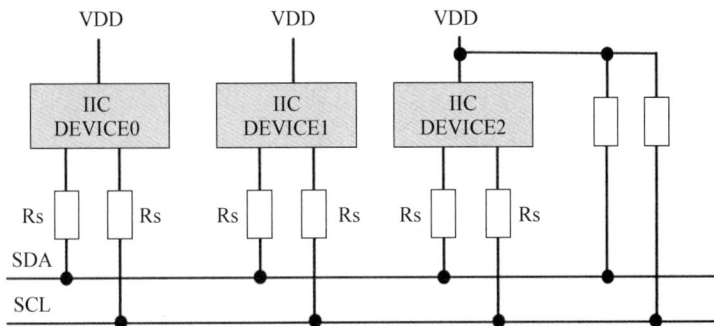

图 5-7　I^2C 的连接

5.2.5 I²C 总线通信案例

如图 5-8 所示为基于陀螺仪和 OLED 模块制作的 3D 立方体模拟器,本次案例将从仿真界面开始介绍,引入仿真设计 I²C 代码介绍以及仿真测试案例。

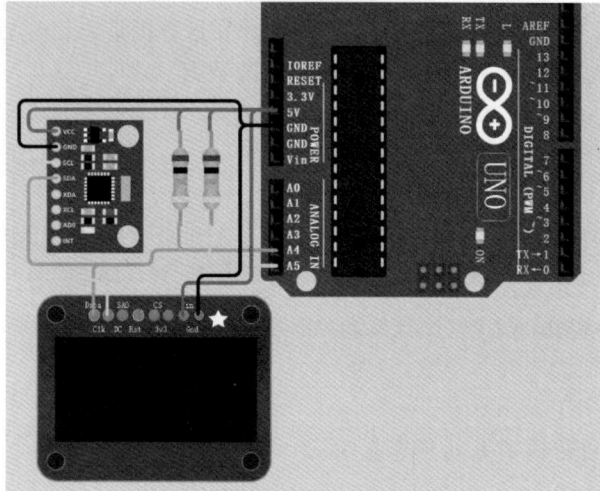

图 5-8 陀螺仪和 OLED

1. 仿真界面

仿真界面由作为 I²C 主机的 Arduino UNO 与作为从机的 OLED 和陀螺仪组成,三者共地,数据线与时钟线接上拉电阻,电源线接限流电阻。

2. 仿真设计 I²C 代码介绍

以下为 Wokwi 中涉及 I²C 的代码:

```
Wire.begin();                         //未设置地址故将控制器 Arduino 设置为主机
//初始化 OLED
if( !display.begin( SSD1306_SWITCHCAPVCC, 0x3C))
{
  Serial.println(F( "SSD1306 allocation failed"));
  for(;;);                           //程序中断
}
//初始化 mpu6050 并检测其连接
Wire.beginTransmission(mpuAddress);  //开启 mpu6050 总线传输
Wire.write(0x6B);                    //写入 6BH 确定工作方式
Wire.write(0);                       //写入 0 唤醒 mpu6050
auto error = Wire.endTransmission(); //结束总线传输
Wire.beginTransmission(mpuAddress);  //开启 mpu6050 总线传输
Wire.write(0x3B);                    //写入 3BH
Wire.endTransmission(false);         //开始持续传输
Wire.requestFrom(mpuAddress, 14);    //从 MPU 中读取 14 字节
```

```
//以下为读取陀螺仪加速度、温度以及速度信息
AcX=Wire.read()<<8 | Wire.read();
AcY = Wire.read()<<8 | Wire.read();
AcZ = Wire.read()<<8 | Wire.read();
Tmp=Wire.read()<<8 | Wire.read();
GyX = Wire.read()<<8 | Wire.read();
GyY = Wire.read()<<8 | Wire.read();
GyZ = Wire.read()<<8 | Wire.read();
  //通过 IIC 写入清屏信息
  display.clearDisplay();
  //通过 IIC 写入图像信息
  display.display();
```

以下为向 OLED 写指令的代码，读也同理，在 Wokwi 中以库的形式调用，故无法查看。

```
void Adafruit_SSD1306::ssd1306_command1(uint8_t c) {
  if (wire) {                             //IIC
    wire->beginTransmission(i2caddr);     //启动 IIC 数据传输
    WIRE_WRITE((uint8_t)0x00);            //总线写入数据 00H
    WIRE_WRITE(c);                        //总线写入数据 00H
    wire->endTransmission();              //关闭 IIC 数据传输
  } else {                                //选择 SPI 方式发送指令
    SSD1306_MODE_COMMAND
    SPIwrite(c);
  }
}
```

OLED 库文件源码查看链接如下：

https://github.com/adafruit/Adafruit_SSD1306/blob/master

```
//以下为 OLED 头文件部分声明,在 Wokwi 中以库的形式调用,故无法查看
#define SSD1306_BLACK 0              ///关闭线条显示
#define SSD1306_WHITE 1             ///开启线条显示
//写入 8 个顶点与 12 根白色直线信息
display.drawLine(wireframe[0][0],wireframe[0][1], wireframe[1][0], wireframe[1][1], SSD1306_WHITE);
display.drawLine(wireframe[1][0],wireframe[1][1], wireframe[2][0], wireframe[2][1], SSD1306_WHITE);
display.drawLine(wireframe[2][0],wireframe[2][1], wireframe[3][0], wireframe[3][1], SSD1306_WHITE);
display.drawLine(wireframe[3][0],wireframe[3][1], wireframe[0][0], wireframe[0][1], SSD1306_WHITE);
display.drawLine(wireframe[4][0],wireframe[4][1], wireframe[5][0], wireframe[5][1], SSD1306_WHITE);
display.drawLine(wireframe[5][0],wireframe[5][1], wireframe[6][0], wireframe[6][1], SSD1306_WHITE);
display.drawLine(wireframe[6][0],wireframe[6][1], wireframe[7][0], wireframe[7][1], SSD1306_WHITE);
display.drawLine(wireframe[7][0],wireframe[7][1], wireframe[4][0], wireframe[4][1], SSD1306_WHITE);
display.drawLine(wireframe[0][0],wireframe[0][1], wireframe[4][0], wireframe
```

```
[4][1], SSD1306_WHITE);
display.drawLine(wireframe[1][0],wireframe[1][1], wireframe[5][0], wireframe
[5][1], SSD1306_WHITE);
display.drawLine(wireframe[2][0],wireframe[2][1], wireframe[6][0], wireframe
[6][1], SSD1306_WHITE);
display.drawLine(wireframe[3][0],wireframe[3][1], wireframe[7][0], wireframe
[7][1], SSD1306_WHITE);
display.drawLine(wireframe[1][0],wireframe[1][1], wireframe[3][0], wireframe
[3][1], SSD1306_WHITE);
display.drawLine(wireframe[0][0],wireframe[0][1], wireframe[2][0], wireframe
[2][1], SSD1306_WHITE);
```

3. 仿真运行结果

单击"仿真测试"按钮,将在 OLED 中显示设置的线与点,将绕 X 轴旋转的速度设置为 10°/s,一段时间之后再将其设置为 0°/s,即停下,最终仿真结果如图 5-9 所示。

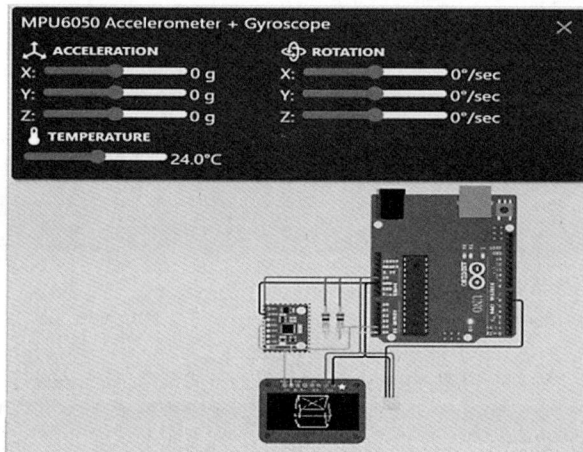

图 5-9　仿真运行结果

5.3　SPI 总线通信

SPI(Serial Peripheral Interface)是一种同步串行传输规范,也是单片机外设芯片串行外设扩展接口,该接口是一种高速、全双工、同步的通信总线,并且在芯片的引脚上占用 4 根线。

SPI 由一个主设备和一个或多个从设备组成,主设备启动一个与从设备同步的通信,从而完成数据的交换。

• 通信方式

SPI 使用同步的全双工通信方式,包含一个主设备(Master)和一个或多个从设备(Slave)。主设备负责发起通信和控制通信时序,而从设备则被动地响应主设备的指令。

• 信号线:SPI 使用以下 4 条主要信号线。

SCLK(Serial Clock)：时钟信号,由主设备生成,用于同步数据传输。

MOSI(Master Out Slave In)：主设备发送数据到从设备的数据线。

MISO(Master In Slave Out)：从设备发送数据到主设备的数据线。

SS/CS(Slave Select/Chip Select)：用于选择要与主设备通信的特定从设备。

- 数据传输时序

数据在 SCLK 的上升或下降沿进行传输,具体取决于 SPI 模式,SPI 通常支持 4 种模式,根据极性(CPOL)和相位(CPHA)的不同进行区分。

- 通信速度

SPI 的通信速度通常由主设备控制,可以在一定范围内选择合适的时钟频率。速度的选择会影响通信距离和功耗。

- 选中从设备

主设备通过将特定的 SS/CS 线拉低来选择与之通信的从设备。每个从设备都有一个独特的 SS/CS 线。

- 灵活性

SPI 是一种非常灵活的接口,支持多主设备、多从设备、全双工通信以及高速数据传输。

- 应用领域

SPI 广泛用于连接各种外围设备,如传感器、存储器、显示器和其他数字集成电路。

其中,SPI 的引脚连接以及主机片选从机方式如图 5-10 所示。

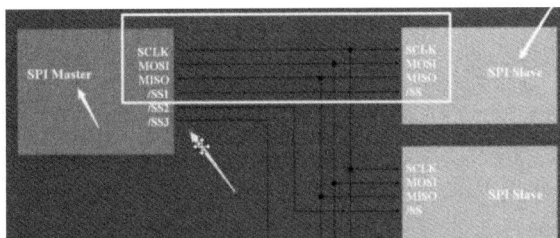

图 5-10　SPI 的主从通信示意图

5.3.1　SPI 类库成员函数

- SPI.begin()

功能：通过将 SCK、MOSI 和 SS 设置为输出,将 SCK 和 MOSI 拉低,将 SS 拉高,以初始化 SPI 总线。

语法：SPI.begin()。

参数：无。

- SPI.end()

功能：禁用 SPI 总线(保持引脚模式不变)。

语法：SPI.end()。

参数：无。

- SPISettings()

功能：完成 SPI 通信时钟频率设置、数据位序设置，即选择最高有效位到最低有效位的传输或反之以及数据传输模式的设置。

语法：

```
//创建 SPISettings 对象,设置时钟频率为 1MHz,模式为 SPI_MODE0,位序为 MSBFIRST
  SPISettings mySettings(1000000, MSBFIRST, SPI_MODE0);
```

参数：

（1）speedMaximum：最大通信速率。对于额定频率高达 20MHz 的 SPI 芯片，应使用 20000000。

（2）MSBFIRST 或 LSBFIRST。

MSBFIRST 在数据传输中，最高有效位（MSB）优先传输。对于一字节的数据（8位），第 7 位（从左到右第一个位）会先传输。

LSBFIRST 在数据传输中，最低有效位（LSB）优先传输。对于一字节的数据，第 0 位（从右到左第一个位）会先传输。

（3）SPI_MODE0、SPI_MODE1、SPI_MODE2 或 SPI_MODE3。

SPI_MODE0（CPOL = 0，CPHA = 0）：

时钟极性为 0（CPOL = 0）：空闲状态下时钟线（SCK）是低电平。

时钟相位为 0（CPHA = 0）：数据在时钟信号的第一个边沿（上升沿）采样。

SPI_MODE1（CPOL = 0，CPHA = 1）：

时钟极性为 0（CPOL = 0）：空闲状态下时钟线（SCK）是低电平。

时钟相位为 1（CPHA = 1）：数据在时钟信号的第二个边沿（下降沿）采样。

SPI_MODE2（CPOL = 1，CPHA = 0）：

时钟极性为 1（CPOL = 1）：空闲状态下时钟线（SCK）是高电平。

时钟相位为 0（CPHA = 0）：数据在时钟信号的第一个边沿（下降沿）采样。

SPI_MODE3（CPOL = 1，CPHA = 1）：

时钟极性为 1（CPOL = 1）：空闲状态下时钟线（SCK）是高电平。

时钟相位为 1（CPHA = 1）：数据在时钟信号的第二个边沿（上升沿）采样。

```
#include <SPI.h>
void setup() {
  //初始化 SPI
  SPI.begin();
  //创建 SPISettings 对象,设置时钟频率为 1MHz,模式为 SPI_MODE0,位序为 MSBFIRST
  SPISettings mySettings(1000000, MSBFIRST, SPI_MODE0);
  //开始 SPI 事务,并使用自定义的 SPISettings 对象
  SPI.beginTransaction(mySettings);
}
void loop() {
  //在这里进行 SPI 通信
  //结束 SPI 事务
  SPI.endTransaction();}
```

- SPI.beginTransaction()

功能：初始化 SPI 总线。请注意,在调用此命令之前,需要调用 SPI.begin()。

参数：

SPI.beginTransaction(mySettings)

返回

mySettings;

- SPI.endTransaction()

功能：停止使用 SPI 总线。通常,在取消片选后调用此函数,以允许其他库使用 SPI 总线。

语法：SPI.endTransaction()。

参数：无。

- SPI.usingInterrupt()

功能：如果程序将在中断内执行 SPI 事务,请调用此函数以向 SPI 库注册中断编号或名称,从而 SPI 得到系统正在使用的中断服务程序,这样可以防止使用冲突。

语法：SPI.usingInterrupt(interruptNumber)。

参数：interruptNumber：关联的中断号。

示例如下：

```
#include <SPI.h>
void setup() {
  //初始化 SPI
  SPI.begin();
  //使用中断 0
  attachInterrupt(0, myInterruptFunction, RISING);
  //通知 SPI 库正在使用中断 0
  SPI.usingInterrupt(0);
}
void loop() {
  //在这里进行 SPI 通信
}
void myInterruptFunction() {
  //中断服务程序 }
```

- SPI.transfer()

功能：SPI 传输基于同时发送和接收。接收到的数据以 receivedVal(或 receivedVal16)的形式返回,在缓冲区传输的情况下,接收到的数据就地存储在缓冲区中(旧数据被接收到的数据替换);以下三种传输方式可以根据具体的数据传输条件来进行选择。

(1) receivedVal = SPI.transfer(val)

(2) receivedVal16 = SPI.transfer16(val16)

(3) SPI.transfer(buffer,size)

语法：

```
receivedVal = SPI.transfer(val)
receivedVal16 = SPI.transfer16(val16)
SPI.transfer(buffer, size)
```

参数：val：通过总线发送的字节。al16：通过总线发送的两字节变量。
buffer：要传输的数据数组。

5.3.2 SPI 总线通信案例

单击"仿真测试"按钮，此时 Arduino 电源灯亮起，Arduino UNO 作为主机，chip 模块作为从机，并在相应串口界面打印通信信息。最终，仿真结果如图 5-11 所示。其中，Arduino 的 11 引脚作为 MOSI 主机输出从机输入，12 引脚作为 MISO 主机输入从机输出，13 引脚作为时钟引脚。以上引脚也是其 SPI 默认的通信引脚。

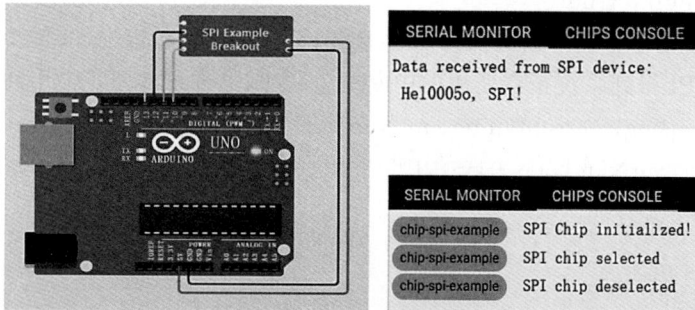

图 5-11　SPI 通信测试

主机代码如下：

```
#include <SPI.h>
#define CS 10
void setup() {
  char buffer[] = "Ury0005b, FCV! ";                //SPI 通信缓冲区
  Serial.begin(115200);                             //设置串口波特率
  pinMode(CS, OUTPUT);                              //设置片选引脚为输出
  digitalWrite(CS, LOW);                            //片选 SPI 从机
  SPI.begin();                                      //开始 SPI 通信
//配置 SPI 总线,设置时钟频率为 1MHz,MSB first,模式为 SPI_MODE0
  SPI.beginTransaction(SPISettings(1000000, MSBFIRST, SPI_MODE0));
//开始信息传输并将返回信息存放至 buffer 中
SPI.transfer(buffer, strlen(buffer));
  SPI.endTransaction();                             //结束 SPI 事件
SPI.end();                                          //结束 SPI 通信
  digitalWrite(CS, HIGH);                           //退出片选
Serial.println("Data received from SPI device:");
  Serial.println(buffer);                           //打印返回信息
}
void loop() {                                       //可以写入配合 SPI 的控制程序
}
```

从机代码如下：

```c
//引用库所需的头文件
#include "wokwi-api.h"
#include <stdio.h>
#include <stdlib.h>
//定义从机引脚以及 SPI 通信数据结构体
typedef struct {
  pin_t    cs_pin;
  uint32_t spi;
  uint8_t  spi_buffer[1];
} chip_state_t;

static void chip_pin_change(void * user_data, pin_t pin, uint32_t value);
static void chip_spi_done(void * user_data, uint8_t * buffer, uint32_t count);
void chip_init(void) {
//为结构体分配一个动态内存,该内容的指向地址使用 * chip 来存放
  chip_state_t * chip = malloc(sizeof(chip_state_t));  /* 使用 pin_init 函数初
始化芯片的 CS 引脚,并将引脚配置为输入模式,启用上拉电阻(INPUT_PULLUP)。 */
  chip->cs_pin = pin_init("CS", INPUT_PULLUP);
/* 配置了对 CS 引脚状态变化的监测。pin_watch_config_t 结构体中设置了边缘触发模式为
BOTH(上升沿和下降沿都触发),并指定了回调函数 chip_pin_change 以及相关的用户数据
(user_data)。 */
  const pin_watch_config_t watch_config = {
    .edge = BOTH,
    .pin_change = chip_pin_change,
    .user_data = chip,
  };
  pin_watch(chip->cs_pin, &watch_config);
/* 配置了 SPI 总线的 SCK、MISO、MOSI 引脚,并指定了 SPI 传输完成时的回调函数 chip_spi_
done 以及相关的用户数据(user_data)。这里使用 spi_init 函数初始化了 SPI 设备,并将返
回的 SPI 结构体指针存储在 chip->spi 中。 */
  const spi_config_t spi_config = {
    .sck = pin_init("SCK", INPUT),
    .miso = pin_init("MISO", OUTPUT),
    .mosi = pin_init("MOSI", INPUT),
    .done = chip_spi_done,
    .user_data = chip,
  };
  chip->spi = spi_init(&spi_config);
  //打印一条消息,表示 SPI 芯片初始化完成
  printf("SPI Chip initialized!\n");
}
//定义一个字母转换函数,对 SPI 缓冲字母进行转换,模拟对主机通信数据的操作
uint8_t rot13(uint8_t value) {
  const uint8_t ROT = 13;
  if(value >= 'A' && value <= 'Z') {
    return (value + ROT) <= 'Z' ? value + ROT : value - ROT;
  }
```

```
  if(value >= 'a' && value <= 'z') {
    return (value + ROT) <= 'z' ? value + ROT : value - ROT;
  }
  return value;
}
//片选触发回调函数,但 CS 输入低电平时会在从机串口提示栏打印提示信息
void chip_pin_change(void * user_data, pin_t pin, uint32_t value) {
//将 user_data 数据转换为指针形式,并存放到 chip 中,从而可以通过指针来选中 chip_
//state_t 的成员
  chip_state_t * chip = (chip_state_t * )user_data;

  if (pin == chip->cs_pin) {
    if (value == LOW) {                         //判断片选状况
    printf("SPI chip selected\n");
    chip->spi_buffer[0] = ' ';                  //在 SPI 数据传输之前对缓冲区域进行清除
     //传入结构体成员数据,完成 SPI 初始化首次通信
    spi_start(chip->spi, chip->spi_buffer, sizeof(chip->spi_buffer));
    } else {
      printf("SPI chip deselected\n");
      spi_stop(chip->spi);
    }
  }
}
//SPI 通信结束回调函数
void chip_spi_done(void * user_data, uint8_t * buffer, uint32_t count) {
  chip_state_t * chip = (chip_state_t * )user_data; //通上指针
  if (!count) {                                 //数据长度不为 0
    return;
  }
  buffer[0] = rot13(buffer[0]);                 //对缓冲区域数据进行字符加密
  if (pin_read(chip->cs_pin) == LOW) {          //片选选中
    //完成本次 SPI 通信,向从机传回处理字符数据,开始下次通信
    //本次例题中将循环执行上述程序 15 次,从而完成字符加密
    spi_start(chip->spi, chip->spi_buffer, sizeof(chip->spi_buffer));
  }
}
```

注意：在实际硬件上，SPI 通信是一个连续的过程，一次传输可能涉及多字节的数据。但在仿真或虚拟环境中，SPI 通信可能以更简单的方式进行，例如逐字节处理，本次仿真采用了逐次调用 spi_start 实现字符转换。

第 6 章

基于 Wokwi 的 Arduino 仿真实验设计

6.1 基于定时中断的交通灯

6.1.1 案例描述

设计一个基于 Arduino 的十字路口红绿灯交通灯系统,能够模拟十字路口红绿灯变化的情景,具体功能有其中一个路口红灯剩余时间显示以及黄灯闪烁声音提示等。

6.1.2 硬件需求

- 主控芯片(Arduino UNO);
- 蜂鸣器模块;
- 发光二极管与限流电阻;
- 2 个七段数码管;
- 8 位串行并行输出(SIPO)移位寄存器;
- 连接线。

其中,元器件如图 6-1 所示。

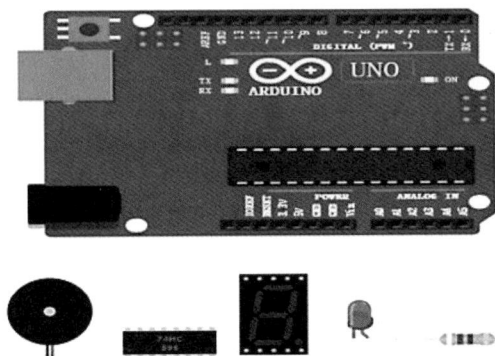

图 6-1 元器件

使用 74HC595 移位寄存器扩展微控制器上的 output 引脚数量,本案例中通过使用两个 74HC595 来扩展控制 2 个七段数码管,从而实现交通灯时间的显示。

6.1.3　软件需求

1. 平台分析

Wokwi 开发环境的服务器在国外，所以我们利用 VPN 来保证平台使用的流畅度。

该平台可以满足软件编程的基本要求，可以使用 C 语言编写控制程序，Arduino 在软件上可以通过定时器产生 0.5s 的定时中断，从而实现对交通灯计时的准确控制。

该平台可以提供十字路口交通信号灯所需硬件的仿真元器件，故无需实际的单片机开发板就可以进行相应的编程。

2. 软件程序的组成

由本书的前面章节可知，程序的控制一般分为顺序结构、选择结构、循环结构；而设计本系统程序结构时以上三种结构都会用到，接下来，简单列举各个结构的实际应用。

首先，顺序结构就是把程序按顺序执行下来，而本程序每一次触发定时中断，就会顺序地执行中断内容；并且在 loop() 函数中也是顺序执行下来，直到触发定时中断，从而去执行中断的内容，下面为顺序执行程序的实例：

```
void loop()
{
  displaytime();
}
void setup()
{
  for(i=0;i<6;i++){                        //初始化 Arduino 的相关引脚
    pinMode(i, OUTPUT)
  }
  pinMode(LATCH_PIN, OUTPUT);
  pinMode(CLOCK_PIN, OUTPUT);
  pinMode(DATA_PIN, OUTPUT);
  //初始化定时器 1
  noInterrupts();                          //关闭所有中断
  TCCR1A = 0;                              //初始化定时器 1 控制寄存器 TCCR1A
  TCCR1B = 0;                              //初始化定时器 1 控制寄存器 TCCR1B
  TCNT1 = 34286;                           //设定定时器装载值
  TCCR1B |= (1 << CS12);                   //256 分频
  TIMSK1 |= (1 << TOIE1);                  //使能定时器中断溢出
  interrupts();                            //使能中断
}
```

其次，循环结构就是程序不断循环反复地执行一段程序，也就是说，loop() 函数中的程序并不是一次执行完之后就停止了，程序会从头来再执行，直至程序被关闭；同理，定时中断程序也是，当定时触发时就会执行一次中断服务函数，下面为循环执行程序的实例：

```
ISR(TIMER1_OVF_vect)                       //定时器中断服务函数
```

```
{
  TCNT1 = 34286;                                    //装载定时器计数值
  if(control_flag==0)                               //交通灯路口 1 绿灯路口 2 红灯
  {
    digitalWrite(greenled1, 1);                     //点亮路口 1 绿灯
    digitalWrite(redled2, 1);                       //点亮路口 2 红灯
    yellow++;
    if((yellow%2)==0) time--;                       //达到 1s 时数码管数值减 1
    if(yellow==34)
    {
    control_flag++;                                 //切换到下一个路口显示模式
    digitalWrite(greenled1, 0);                     //关闭路口 1 绿灯
    yellow=0;                                       //清除计数值
    }
  }
  if(control_flag==1)                               //交通灯路口 1 黄灯闪烁,路口 2 红灯
  {
    red++;
    if((red%2)==0) time--;                          //达到 1s 时数码管数值减 1
    digitalWrite(yellowled1, digitalRead(yellowled1) ^ 1);   //路口 1 黄灯闪烁
    tone(SPEAKER_PIN, gameTones[red]);             //路口 1 报警
    if(red==6)
    {
    time=20;
    digitalWrite(greenled2, 1);                     //点亮路口 2 绿灯
    control_flag++;
    digitalWrite(yellowled1, 0);                    //熄灭路口 1 黄灯
    digitalWrite(greenled1, 0);                     //熄灭路口 1 绿灯
    digitalWrite(redled2, 0);                       //熄灭路口 2 红灯
    red=0;
    }
  }
  if(control_flag==2)                               //交通灯路口 1 红灯,路口 2 绿灯
{
    digitalWrite(greenled2, 1);                     //点亮路口 2 绿灯
    digitalWrite(redled1, 1);                       //点亮路口 2 红灯
    green++;
    if((green%2)==0) time--;                        //达到 1s 时数码管数值减 1
    if(green==34)
      {
      control_flag++;
      green=0;
      digitalWrite(greenled2, 0);                   //熄灭路口 1 黄灯
      }
  }
  if(control_flag==3)                               //交通灯路口 2 黄灯闪烁,路口 1 绿灯
  {
    yellow++;
    if((yellow%2)==0) time--;                       //达到 1s 时数码管数值减 1
```

```
digitalWrite(yellowled2, digitalRead(yellowled2) ^ 1);
tone(SPEAKER_PIN, gameTones[yellow]);
if(yellow==6)
{
  time=20;
  digitalWrite(redled1, 0);          //熄灭路口 1 黄灯
  digitalWrite(yellowled2, 0);       //熄灭路口 1 黄灯
  control_flag=0;                    //模式切换
  yellow=0;                          //黄灯计数值清除
}
}
}
```

最后,选择结构可以说是嵌套在前面的结构中;在顺序结构中,决定了本次顺序结构去执行哪一部分的程序,而在循环结构中,决定了哪一次循环执行哪一次相应的内容,例如在前 20 次循环中只选择执行路口 1 红灯的计时代码。

6.1.4　程序流程图分析

Arduino 的程序主要由 setup()和 loop()函数两部分构成;其中 setup()函数为定时器与相关引脚初始化部分,将单片机中所需的引脚对其输出方式进行设置以及对其定时器寄存器值进行初始化设置为每 0.5s 触发一次中断;loop()函数是单片机不断执行的部分,等待定时中断进入打断当前的程序去执行定时中断内容。程序流程图如图 6-2 所示。

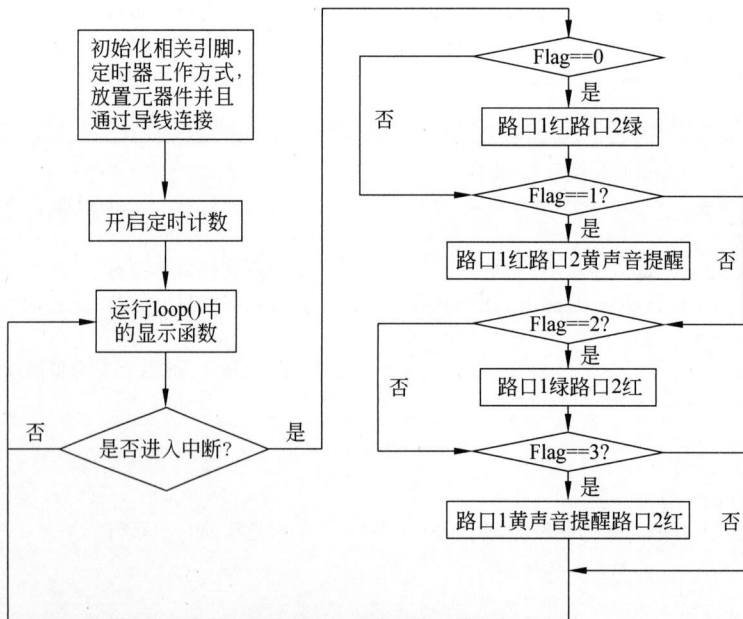

图 6-2　程序流程图

6.1.5　实现步骤

（1）放置仿真元器件并进行线路连接。

（2）创建运行文件与仿真界面参数设置：通过 sketch.ino 来编写控制代码，根据 diagram.json 的相关参数来设置仿真界面。

（3）初始化：在代码中初始化数码管引脚并设置蜂鸣器引脚和 LED 输出引脚。

（4）定时中断循环设置交通灯计时值：使用循环结构设置交通灯计时值，并将其值显示在数码管上且根据相应的计数值进行红黄绿的切换，而数码管的显示函数放在 loop() 中。

（5）黄灯报警：当绿灯切换为黄灯闪烁时，触发蜂鸣器发出警报声音。

6.1.6　测试和调试

编写完代码之后，单击仿真界面的"运行"按钮，代码将被运行，运行的测试结果主要分为如下几种情况。

1. 路口 1 红灯路口 2 绿灯

其中，水平方向为路口 1 为绿灯状态还有 14s，竖直方向为路口 2 为红灯状态还有 17s，如图 6-3 所示。

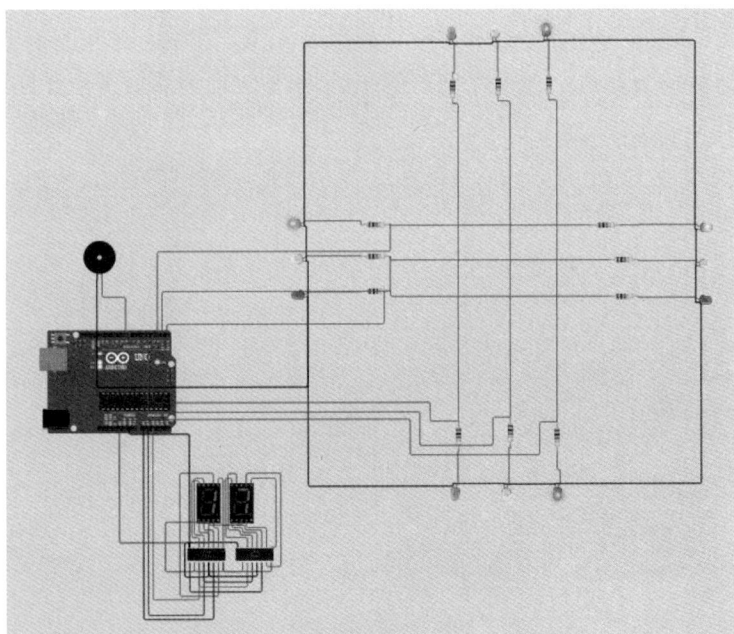

图 6-3　路口 1 红灯路口 2 绿灯

2. 路口 2 绿灯切换为黄灯蜂鸣器报警的状态

其中，水平方向为路口 1 为黄灯蜂鸣器报警状态还有 2s，竖直方向为路口 2 为红灯状态还有 2s,如图 6-4 所示。

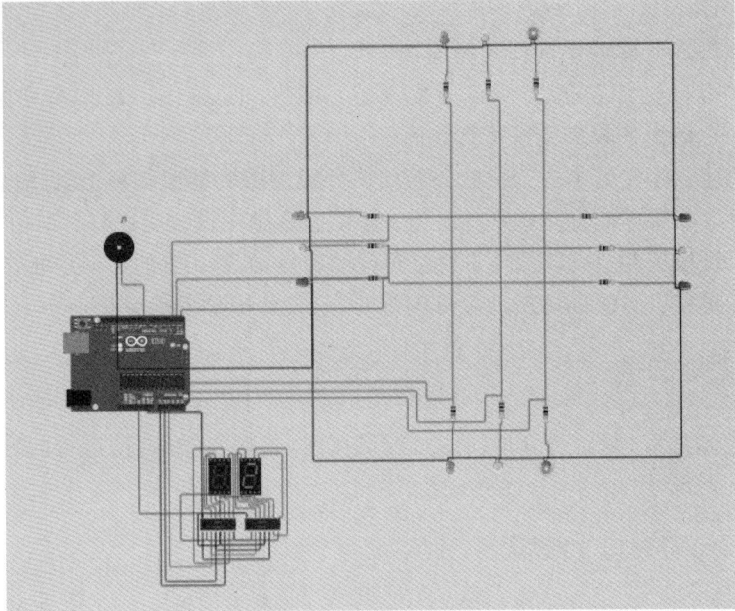

图 6-4　路口 2 绿灯切换为黄灯蜂鸣器报警

3. 路口 2 红灯路口 1 绿灯

其中,竖直方向为路口 2 为绿灯状态还有 5s,水平方向为路口 1 为红灯状态还有 8s,如图 6-5 所示。

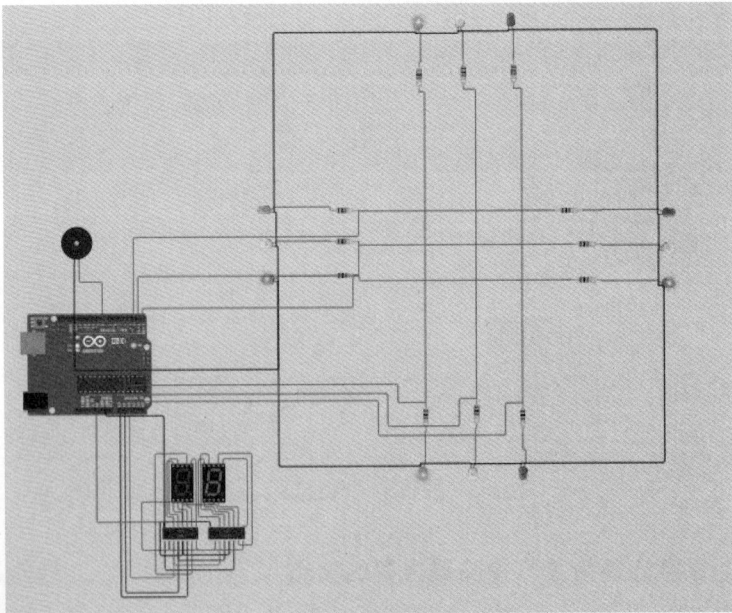

图 6-5　路口 2 红灯路口 1 绿灯

4. 路口 1 绿灯切换为黄灯蜂鸣器报警的状态

其中,竖直方向为路口 2 为黄灯状态还有 3s,水平方向为路口 1 为红灯状态还有 3s,如图 6-6 所示。

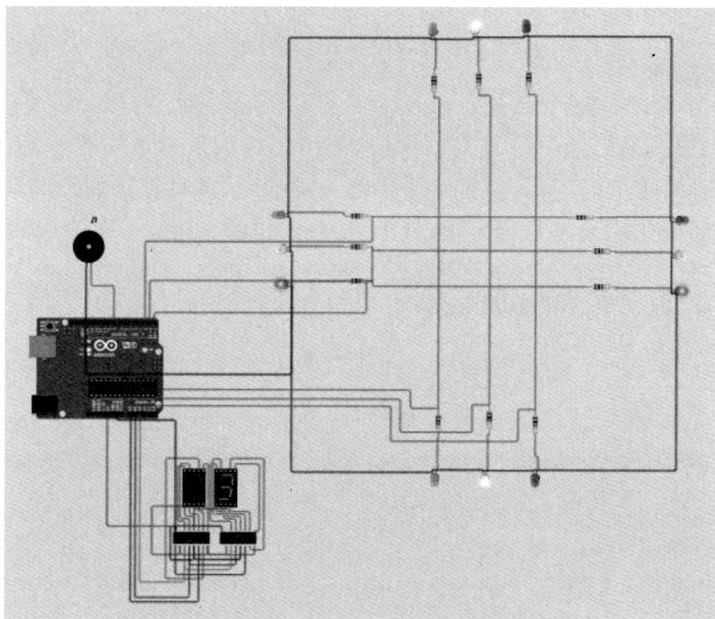

图 6-6　路口 1 绿灯切换为黄灯蜂鸣器报警

6.1.7　优化和扩展

（1）增加一对数码管,用来显示绿灯路口剩余的通行时间。

（2）增加 LCD 文字来显示路口交通信息,从而完善交通信息灯的提示功能。

（3）增加交通信号路口维护状态,通过外接一个按键,当其按下时交通灯进入维护状态。

6.2　PWM 与时间控制函数的应用

6.2.1　PWM

PWM 简称脉宽调制,是利用单片机数字输出来产生类似模拟量信号的一种调制技术,用于通过调整信号的脉冲宽度来产生模拟信号或控制电路。它通常用于模拟电子设备中,如调光 LED、电机速度控制、音频放大器、电源调节等应用,以下介绍其主要的一些概念。

- 脉冲宽度调制（PWM）：PWM 是一种通过改变信号的脉冲宽度来控制输出功率的技术。信号的周期保持不变,但脉冲的宽度（占空比）随着所需输出的变化而调整。

- 占空比：PWM 信号的占空比是指脉冲高电平的时间占整个周期的比例。占空比通常以百分比表示。例如，50％的占空比意味着信号高电平和低电平各占一半的时间，即大家所称的方波。
- 频率：PWM 信号的频率是指每秒内脉冲的数量，通常以赫兹（Hz）为单位。较高的频率通常能提供更精细的控制，但也可能导致更大的开关损失。

6.2.2　延时函数

在编程过程中，延迟函数是必不可少的，使用该函数来满足实际应用中一些特定的功能，例如 LED 灯的定时闪烁，软件给予硬件一定响应时间，程序的控制周期设定等，通常的延迟有软件延迟和硬件延迟两种，其中，硬件的定时器延迟一般来说较为准确。

6.2.3　PMW 定时控制电机运动

通过调用舵机库，将舵机位置的入口参数设定为 0～180°为其角度范围，例如，myservo.write(90)将 90°作为入口参数传入，该函数会将角度值换算成对应占空比的值，从而使得舵机转动 90°。

```
# include <Servo.h>                    //引用舵机库
//定义连接 PWM 信号的引脚
const int pwmPin = 9;                  //选择引脚 9
Servo myservo;                         //创建舵机对象
void setup() {
  myservo.attach(9);                   //初始化 PWM 引脚
}
void loop() {
  myservo.write(0);
  delay(3000);                         //等待 3s 用于舵机响应
  myservo.write(90);
  delay(3000);                         //等待 3s 用于舵机响应
  myservo.write(180);
  delay(3000);                         //等待 3s 用于舵机响应
  myservo.write(90);
  delay(3000);                         //等待 3s 用于舵机响应
}
```

仿真运行示意图如图 6-7 所示，由舵机 0°、90°以及 180°的位置构成。

6.2.4　基于舵机控制的电子保险箱

1. 案例简介

设计一个基于舵机的电子保险箱系统，该系统由舵机角度模拟保险箱的开关，通过矩阵按键读取输入密码值以及 LDC1602 屏幕来显示保险箱与密码的输入状态，最后，电子保险箱具有密码修改、更新等功能。

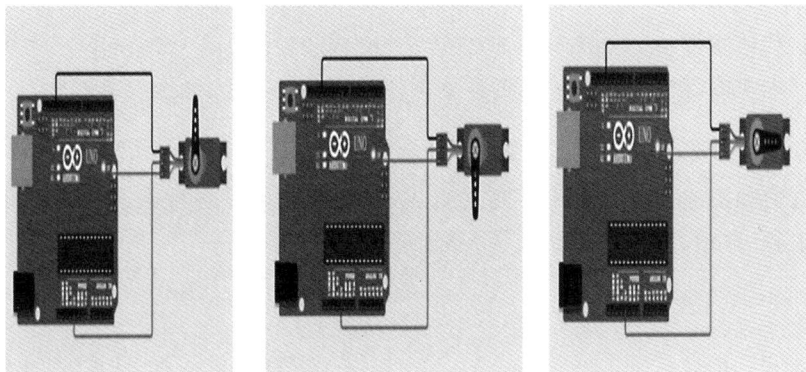

图 6-7　舵机仿真运行示意图

2. 硬件需求

- 主控芯片(Arduino UNO)；
- LCD 1602 显示屏；
- 电阻；
- 矩阵键盘；
- 舵机；
- 连接线。

其中,元器件如图 6-8 所示。

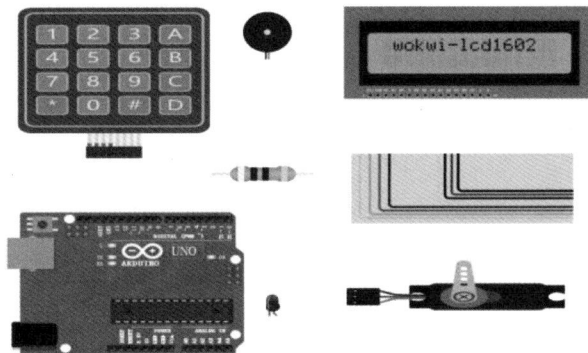

图 6-8　元器件

3. 软件需求

1) 平台分析

在 6.1 节中介绍了平台的基本情况,并用 C 语言构建了交通信号灯,本节实验中将加入 C++ 的类对象调用来完成。

该平台兼容.cpp 文件构建,故可以在.ino 文件中来调用对应编写的 cpp 文件。

该平台可以提供电子保险箱所需硬件的仿真元器件,故无须实际的单片机开发板就可以进行相应的编程。

2）软件程序组成

本实验代码主要由 elxctronic-safe.ino、icnos.cpp 以及 safestate.cpp 三大块构成，接下来对这三大块内容中主要的代码进行分析。

safestate.cpp：

该文件由如下成员函数与成员变量组成，主要对密码锁各种状态编写了相应函数，例如设置上锁、解锁，判断是否已经写入密码等。

```cpp
class SafeState {
  public:
    SafeState();                        //构造函数从 ROM 中读取上电密码锁状态
    void lock();                        //设置为上锁状态
    bool unlock(String code);           //对输入密码检验是否正确
    bool locked();                      //读取电子锁状态
    bool hasCode();                     //判断是否已经设置密码
    void setCode(String newCode);       //将密码值设置到 ROM 中
  private:
    void setLock(bool locked);          //设置电子锁状态
    bool _locked;                       //代表锁状态的私有变量
};
/* 以下 SafeState()为密码锁类的构造函数,当引用密码锁对象时会调用该函数,从 ROM 中访
问密码锁的状态。其中,ROM 当单片机断电时也会保持其内容的信息,从而模拟实际生活中虽然
密码锁没有电,但是其密码值会被保存下来的情景。 */
SafeState::SafeState() {
this->_locked = EEPROM.read(EEPROM_ADDR_LOCKED) == SAFE_STATE_LOCKED;
}
//将密码锁设置为上锁状态
void SafeState::lock() {
  this->setLock(true);
}
//读取密码锁的状态
bool SafeState::locked() {
  return this->_locked;
}

//读取密码锁是否有设置密码
bool SafeState::hasCode() {
//将空密码时的默认密码长度与当前密码长度进行比较
  auto codeLength = EEPROM.read(EEPROM_ADDR_CODE_LEN);
  return codeLength != EEPROM_EMPTY;
}
//将从按键读取的数值存到 ROM 中,即设置密码
void SafeState::setCode(String newCode) {
  EEPROM.write(EEPROM_ADDR_CODE_LEN, newCode.length());
  for (byte i = 0; i < newCode.length(); i++) {
    EEPROM.write(EEPROM_ADDR_CODE + i, newCode[i]);
  }
}
```

具体设置密码演示如图 6-9 所示。

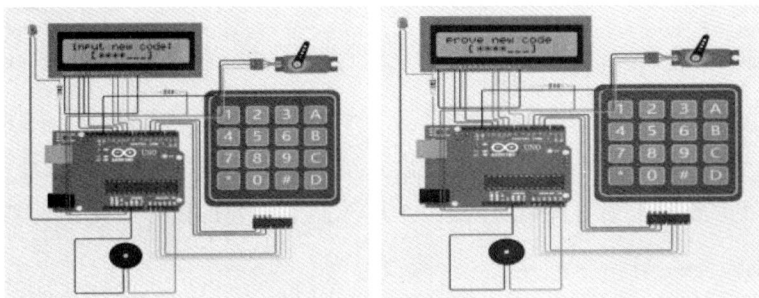

图 6-9　设置密码演示

```cpp
//对输入密码进行解析,从密码长度以及具体密码数值两方面进行比较
bool SafeState::unlock(String code) {
  auto codeLength = EEPROM.read(EEPROM_ADDR_CODE_LEN);
  if (codeLength == EEPROM_EMPTY) {
//当没有设置密码时,密码长度即为空,则密码锁处于开锁状态,返回成功解锁
    this->setLock(false);
    return true;
  }
  if (code.length() != codeLength) {
//当输入密码长度不等于设置密码长度时则返回解锁失败
    return false;
  }
  for (byte i = 0; i < code.length(); i++) {
//依次读取密码的各位进行比较数值
    auto digit = EEPROM.read(EEPROM_ADDR_CODE + i);
    if (digit != code[i]) {
      return false;
    }
  }
  this->setLock(false);
  return true;
}
```

图 6-10 为输入成功与输入错误的演示图。

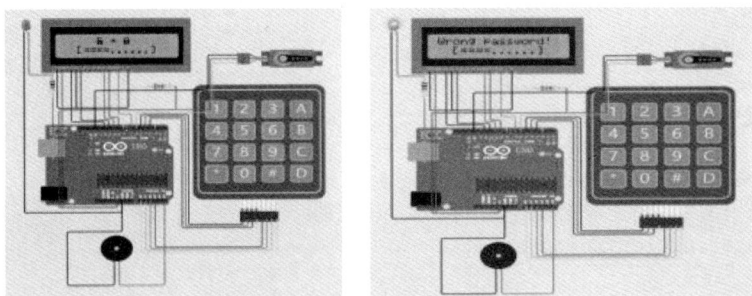

图 6-10　输入成功与输入错误

```
//根据对应状态进行上锁,将密码锁设置为上锁与解锁状态
void SafeState::setLock(bool locked) {
  this->_locked = locked;
  EEPROM.write(EEPROM_ADDR_LOCKED, locked ? SAFE_STATE_LOCKED : SAFE_STATE_
OPEN);
}
icnos.cpp:
```

该文件用来创建上锁与解锁的图标 ICONS,最终创建的图标如图 6-11 所示。

```
void init_icons(LiquidCrystal &lcd) {
  byte icon[8];
  memcpy_P(icon, iconLocked, sizeof(icon));
  lcd.createChar(ICON_LOCKED_CHAR, icon);
  memcpy_P(icon, iconUnlocked, sizeof(icon));
  lcd.createChar(ICON_UNLOCKED_CHAR, icon);
}
```

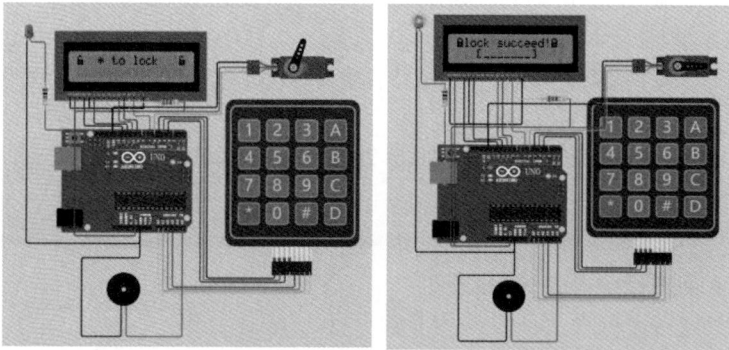

图 6-11　解锁与上锁图标

```
elxctronic-safe.ino:
bool setNewCode() {
  lcd.clear();
  lcd.setCursor(0, 0);
  lcd.print("input new code:");
  //从按键中输入新密码,并存储于 newCode 变量之中
  String newCode = inputSecretCode();
  lcd.clear();
  lcd.setCursor(0, 0);
  lcd.print("prove new code");
//从按键中输入验证密码,并存储于 confirmCode 变量之中
String confirmCode = inputSecretCode();
If(newCode.equals(confirmCode)) {
//调用字符串中字符相等比较函数,判断前后输入的两次密码是否相等
safeState.setCode(newCode);
return true;
  } else {
    lcd.clear();
    lcd.setCursor(0, 0);
```

```
lcd.print("code  conflict");
lcd.setCursor(0, 1);
lcd.print("lock failed !");
delay(2000);
return false;
}}
```

其中,前后两次密码输入一致与不一致的示意如图 6-12 所示。

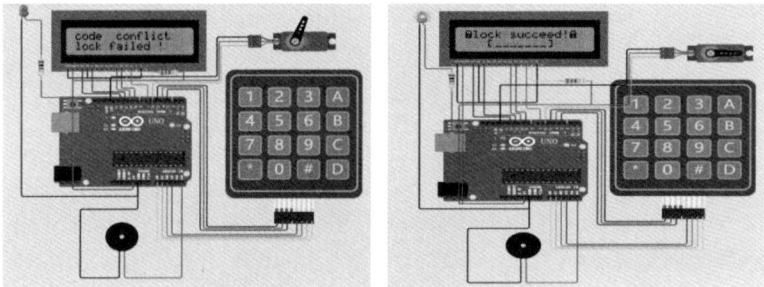

图 6-12　前后两次密码输入演示

```
//返回值为字符串函数,即将输入的字符串返回
String inputSecretCode() {
  lcd.setCursor(3, 1);
  lcd.print("[_____]");
  lcd.setCursor(4, 1);
  String result = "";
  while (result.length() < 7) {
    char key = keypad.getKey();
    if (key >= '0' && key <= '9' or key=='*') {    //等待输入所需字符
      lcd.print('*');
      result += key;                                //将输入字符存于 result 之中
      if (key=='*')
        Break;                  //直至完成当前密码输入或者输入完 7 个字符跳出循环
    }
  }
  return result;
}


//密码锁解锁状态设定函数
void safeUnlockedLogic() {
//设置 LCD 显示字符状态
lcd.clear();
//选择解锁字符图标位置
lcd.setCursor(0, 0);
//写入解锁图标
lcd.write(ICON_UNLOCKED_CHAR);
lcd.setCursor(2, 0);
lcd.print(" * to lock");
lcd.setCursor(15, 0);
lcd.write(ICON_UNLOCKED_CHAR);
```

```
  bool newCodeNeeded = true;
  if (safeState.hasCode()) {                      /* 判断是否已经有密码 */
    lcd.setCursor(0, 1);
    lcd.print("  D = new code");
    newCodeNeeded = false;
  }
//从按键中获取字符
  auto key = keypad.getKey();
  while (key != 'D' && key != '*') {
    key = keypad.getKey();
  }                                               //一直等待 D 或 * 来解锁;
  bool readyToLock = true;
  if (key == 'D' || newCodeNeeded) {
/* 初始状态没有密码或输入 D 时重置密码 */
readyToLock = setNewCode();
  }
//判断新密码是否输入成功
  if (readyToLock) {
    lcd.clear();
    lcd.setCursor(5, 0);
lcd.write(ICON_UNLOCKED_CHAR);
    lcd.print(" ");
    lcd.write(ICON_RIGHT_ARROW);
    lcd.print(" ");
    lcd.write(ICON_LOCKED_CHAR);
    safeState.lock();
    lock();
    showWaitScreen(100);
  }
}


//密码锁上锁状态逻辑函数
void safeLockedLogic() {
  lcd.clear();
  lcd.setCursor(0, 0);
  lcd.write(ICON_LOCKED_CHAR);
  lcd.print("Lock succeed!");
  lcd.write(ICON_LOCKED_CHAR);
//等待完成用户密码输入
  String userCode = inputSecretCode();
  bool unlockedSuccessfully = safeState.unlock(userCode);
  showWaitScreen(200);
if (unlockedSuccessfully) {
    showUnlockMessage();
    unlock();
  } else {
    lcd.clear();
    lcd.setCursor(0, 0);
```

```
    lcd.print("Wrong password!");
    showWaitScreen(1000);}
}
```

4. 程序流程图分析

Arduino 的程序主要由 setup()函数和 loop()函数两部分构成。其中,setup()函数为初始化部分,对密码锁相关引脚状态进行初始化;loop()函数就是单片机对按键输入值进行循环检测,一旦完成相关按键设置,则跳转到下一个状态。程序流程图如图 6-13所示。

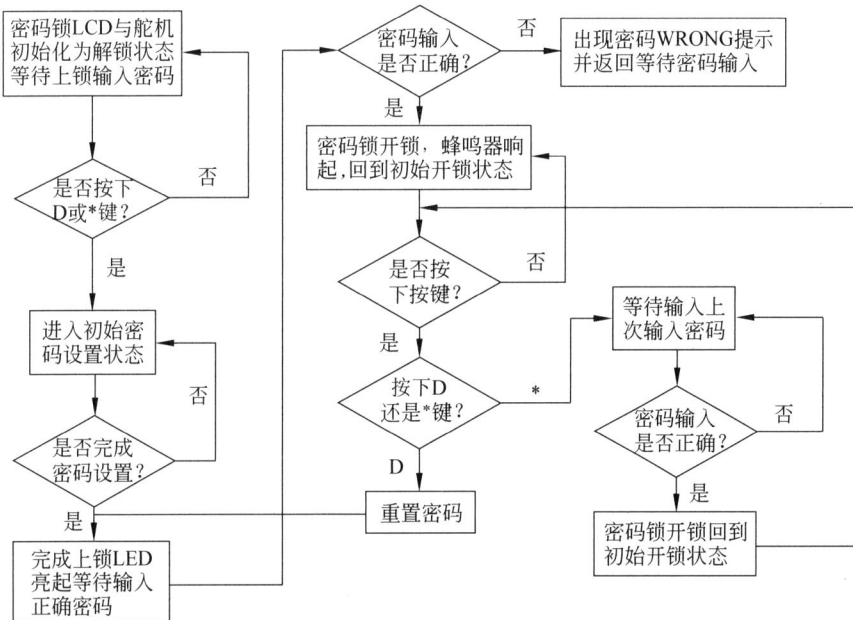

图 6-13　程序流程图

5. 实现步骤

(1) 放置仿真元器件并进行线路连接。

(2) 创建运行文件与仿真界面参数设置:通过 sketch.ino 来编写控制代码,通过diagram.json 的相关参数来设置仿真界面。

(3) 初始化:在代码中初始化矩阵按键对应引脚、设置蜂鸣器引脚和 LED 输出引脚以及 LCD 的显示模式。

(4) 当解锁成功时会有蜂鸣器音乐提示并且舵机回到解锁位置,上锁成功时对应的LED 灯亮起以及舵机回到上锁位置。

6. 测试和调试

编写完代码之后,单击仿真界面的"运行"按钮,代码将被运行,运行的结果主要有两种状态,接下来分别对其进行描述。

初始化上电之后,首次使用密码锁并没有设置任何密码,此时处于解锁状态,对其输入两次相同的密码完成密码设置,并且成功上锁之后提示 LED 灯亮起,具体流程如图 6-14 所示。

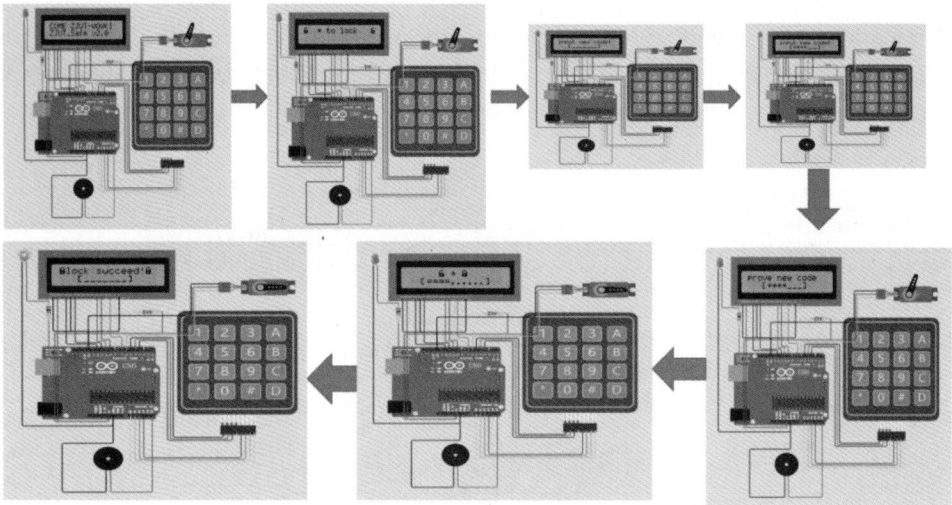

图 6-14　上电初始化流程

初始化上电并设置完毕首次密码后处于上锁状态,用户可人为通过 D 修改密码,也可输入 ∗ 使用原有密码进行开锁,本次演示的是输入原有密码进行开锁,具体流程如图 6-15 所示。

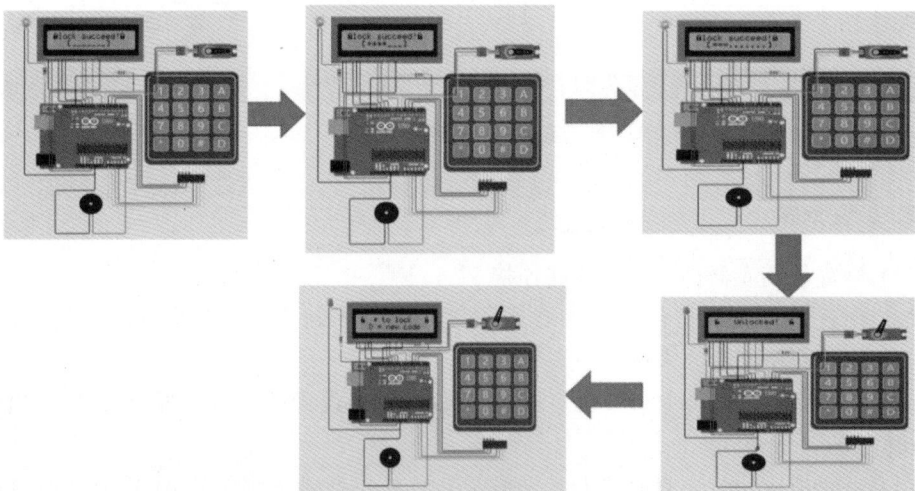

图 6-15　修改或重置密码的过程

7. 优化和扩展

(1) 增加数码管,用来记录密码错误的次数,达到一定次数触发长时间键盘锁定;

(2) 将舵机换成步进电机来控制；

(3) 结合交通灯中的定时中断功能,准确完成等待下次输入密码的倒计时功能。

6.3 按键与 LED 记忆小游戏

6.3.1 案例描述

设计一个基于 Arduino 的 LED 与按键记忆游戏机。记忆力对于日常生活非常关键,故针对其设计了一款游戏机,它的功能是随机一系列亮灯序列并且每一个 LED 都对应一个按键,LED 根据随机的序列来按顺序亮起;其中,序列长度由当前关卡数来决定,大家对随机序列进行记忆并根据记忆来按下按键以复现 LED 随机亮起的现象;如果复现成功,则增加当前序列值进入下一关。

6.3.2 硬件需求

- 主控芯片(Arduino UNO);
- 蜂鸣器模块;
- 4 个 LED 灯;
- 2 个七段数码管;
- 4 个按键;
- 8 位串行并行输出(SIPO)移位寄存器;
- 连接线。

其中,元器件如图 6-16 所示。

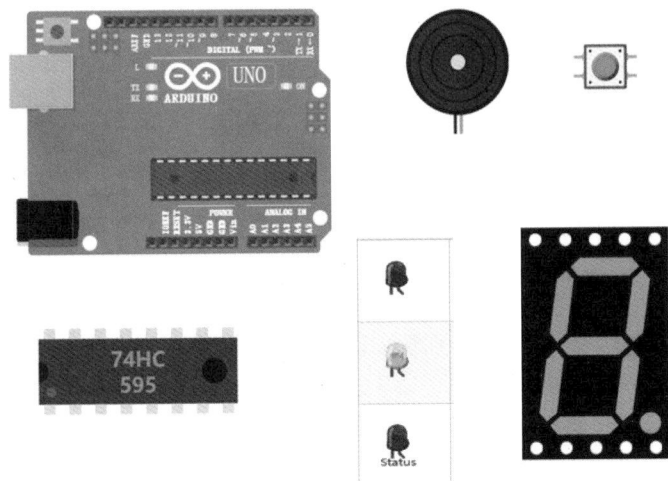

图 6-16 元器件

使用 74HC595 移位寄存器扩展微控制器上的 output 引脚数量,本案例中通过使用两个 74HC595 来扩展控制 2 个七段数码管,从而实现当前关卡数的显示。

6.3.3 软件需求

1. 平台分析

在 6.1 节与 6.2 节的实验中，平台已完成基于 C 与 C++ 语言的开发，而本次按键与 LED 记忆实验只需用到 C 语言。该平台可以提供该项目所需硬件的仿真元器件，故无需实际的单片机开发板就可以进行相应的编程。

2. 软件程序组成

```c
#include "pitches.h"                                    //引入蜂鸣器音调表
//将 LED、按钮以及蜂鸣器控制引脚进行常值定义
const uint8_t ledPins[] = {9, 10, 11, 12};
const uint8_t buttonPins[] = {2, 3, 4, 5};
#define SPEAKER_PIN 8
//数码管控制芯片引脚常值定义
const int LATCH_PIN = A1;                               //74HC595 pin 12
const int DATA_PIN = A0;                                //74HC595pin 14
const int CLOCK_PIN = A2;                               //74HC595 pin 11
//定义最大记忆长度
#define MAX_GAME_LENGTH 100
//定义蜂鸣器曲调数组并初始化相关游戏序列
const int gameTones[] = { NOTE_G3, NOTE_C4, NOTE_E4, NOTE_G5};
uint8_t gameSequence[MAX_GAME_LENGTH] = {0};
uint8_t gameIndex = 0;
//初始化 Arduino 的引脚状态并初始化串口
void setup() {
  Serial.begin(9600);
  for (byte i = 0; i < 4; i++) {            //循环初始化按键引脚上拉输入与 LED 引脚输出
    pinMode(ledPins[i], OUTPUT);
    pinMode(buttonPins[i], INPUT_PULLUP);
  }
  pinMode(SPEAKER_PIN, OUTPUT);
  pinMode(LATCH_PIN, OUTPUT);
  pinMode(CLOCK_PIN, OUTPUT);
  pinMode(DATA_PIN, OUTPUT);
//使用 randomSeed()来初始化随机数生成器
  randomSeed(analogRead(A3));
}
//数码管数字显示数组
const uint8_t digitTable[] = {
  0b11000000,
  0b11111001,
  0b10100100,
  0b10110000,
```

```
  0b10011001,
  0b10010010,
  0b10000010,
  0b11111000,
  0b10000000,
  0b10010000,
};
//游戏失败对应显示字符
const uint8_t DASH = 0b10111111;
//分高低位来显示对应通关数值并完成锁存
void sendScore(uint8_t high, uint8_t low) {
  digitalWrite(LATCH_PIN, LOW);
  shiftOut(DATA_PIN, CLOCK_PIN, MSBFIRST, low);  //低位进行输出显示
  shiftOut(DATA_PIN, CLOCK_PIN, MSBFIRST, high); //高位进行输出显示
  digitalWrite(LATCH_PIN, HIGH);
}
//处理关卡数变量并通过调用 sendScore()函数来进行显示
void displayScore() {
  int high = gameIndex % 100 / 10;                 //得到十位
  int low = gameIndex % 10;                        //得到个位
sendScore(high ? digitTable[high] : 0xff, digitTable[low]);
}
//根据对应的音乐索引播放相应歌曲
void lightLedAndPlayTone(byte ledIndex) {
  digitalWrite(ledPins[ledIndex], HIGH);           //点亮对应 LED
  tone(SPEAKER_PIN, gameTones[ledIndex]);          //播放对应歌曲
  delay(300);
  digitalWrite(ledPins[ledIndex], LOW);            //关闭 LED
  noTone(SPEAKER_PIN);
}
//按一定顺序播放歌曲
void playSequence() {
  for (int i = 0; i < gameIndex; i++) {
    byte currentLed = gameSequence[i];             //获取当前曲调
    lightLedAndPlayTone(currentLed);               //播放相应乐曲
    delay(50);
  }
}
//循环等待,直至按键按下返回对应编号
byte readButtons() {
  while (true) {
    for (byte i = 0; i < 4; i++) {
      byte buttonPin = buttonPins[i];
      if (digitalRead(buttonPin) == LOW) {
        return i;
      }
    }
    delay(1);
  }
```

```
  }
//串口打印游戏结束提示并提示相关音乐,同时开启下一关卡
void gameOver() {
  Serial.print("Game over! your score: ");        //串口打印游戏结束提示
  Serial.println(gameIndex - 1);                  //打印关卡数
  gameIndex = 0;
  delay(200);                                      //播放成功通关的音乐提示
  tone(SPEAKER_PIN, NOTE_DS5);
  delay(300);
  tone(SPEAKER_PIN, NOTE_D5);
  delay(300);
  tone(SPEAKER_PIN, NOTE_CS5);
  delay(300);
  for (byte i = 0; i < 10; i++) {
    for (int pitch = -10; pitch <= 10; pitch++) {
      tone(SPEAKER_PIN, NOTE_C5 + pitch);
      delay(5);
    }
  }
  noTone(SPEAKER_PIN);
  sendScore(DASH, DASH);
  delay(500);
}
//此函数用 BOOL 类型的函数来判断按键顺序是否成功对应
bool checkUserSequence() {
  for (int i = 0; i < gameIndex; i++) {            //对按键序列号进行逐位比较
    byte expectedButton = gameSequence[i];         //数组读取期望的序列号
    byte actualButton = readButtons();             //按键获取序列号
    lightLedAndPlayTone(actualButton);             //播放按下按键所对应的音乐
    if (expectedButton != actualButton) {          //不相等,即返回游戏失败
      return false;
    }
  }
  return true;
}
//此关卡成功通关的声音提示
void playLevelUpSound() {
  tone(SPEAKER_PIN, NOTE_E4);
  delay(150);
  tone(SPEAKER_PIN, NOTE_G4);
  delay(150);
  tone(SPEAKER_PIN, NOTE_E5);
  delay(150);
  tone(SPEAKER_PIN, NOTE_C5);
  delay(150);
  tone(SPEAKER_PIN, NOTE_D5);
  delay(150);
  tone(SPEAKER_PIN, NOTE_G5);
  delay(150);
```

```
  noTone(SPEAKER_PIN);
}
//开启循环检测相关按键是否按下
void loop() {
  displayScore();
  //在序列末尾添加一个播放音乐
  gameSequence[gameIndex] = random(0, 4);
  gameIndex++;
  if (gameIndex >= MAX_GAME_LENGTH) {
    gameIndex = MAX_GAME_LENGTH - 1;
  }
  playSequence();
  if (!checkUserSequence()) {
    gameOver();
  }
  delay(300);
  if (gameIndex > 0) {
    playLevelUpSound();
    delay(300);
  }
}
```

6.3.4　程序流程图分析

完成相应 I/O 端口以及串口通信的 setup()初始化之后,使用 loop()循环不断地进行按键检测并根据按键按下的状况来提示闯关成功与闯关失败的音乐。程序流程图如图 6-17 所示。

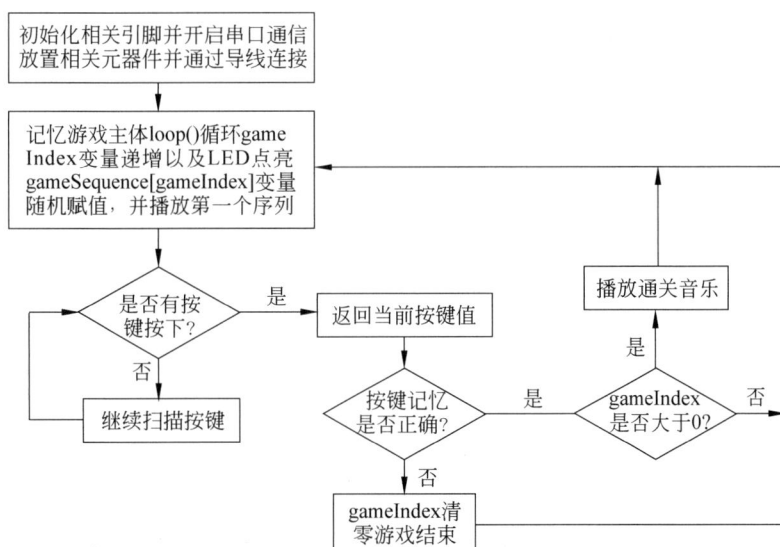

图 6-17　程序流程图

6.3.5 实现步骤

（1）放置仿真元器件并进行线路连接。

（2）只对数码管显示进行测试，能够正常显示关卡数，则进入下一步。

（3）用两个按键与 LED 灯模拟记忆游戏，若成功则进入下一步。

（4）使用蜂鸣器来提示游戏闯关的成功与失败的音乐。

（5）将按键与 LED 灯数量增加到 4 个进行整体联调测试，从而完成该游戏机的测试。

6.3.6 测试和调试

项目编写完代码之后，单击仿真界面的"运行"按钮，代码将被运行，运行的结果分为如下几种情况。

1. 启动记忆小游戏

在游戏启动之后，播放器的第一个黄灯亮起并且蜂鸣器播放对应的曲调。此时，计分器显示为 0。具体情况如图 6-18 所示。

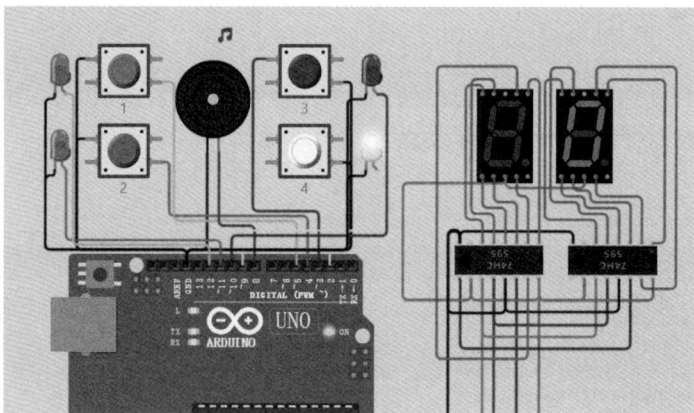

图 6-18　启动记忆小游戏

2. 在关卡 1 中闯关失败

当正确地按下对应记忆按键时，蜂鸣器提示正确过关声音并且计数器显示为 1。接下来进入下一关时，没有正确地按下记忆按键导致闯关失败，从而串口打印闯关失败信息与获得分数，如图 6-19 所示。

3. 成功地闯过多关

当正确地按下记忆按键多次时，数码管显示获得分数，如图 6-20 所示。

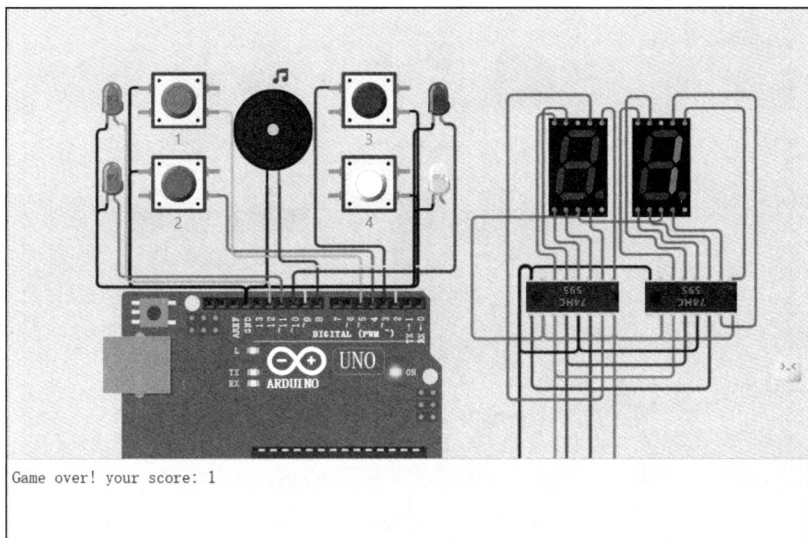

图 6-19　在关卡 1 中闯关失败

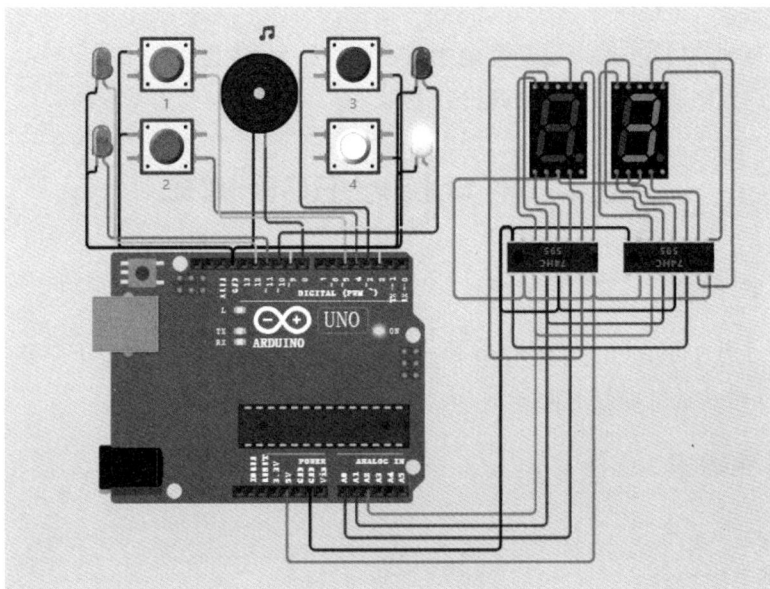

图 6-20　成功闯过多关

4. 闯过多关后失败时

当正确地按下记忆按键多次,但最后一次并未正确地按下时,则数码管显示获得分数并且串口提示当前得分与闯关失败信息,如图 6-21 所示。

6.3.7　优化和扩展

(1)增加按键与 LED 灯的数量,来增加游戏难度。

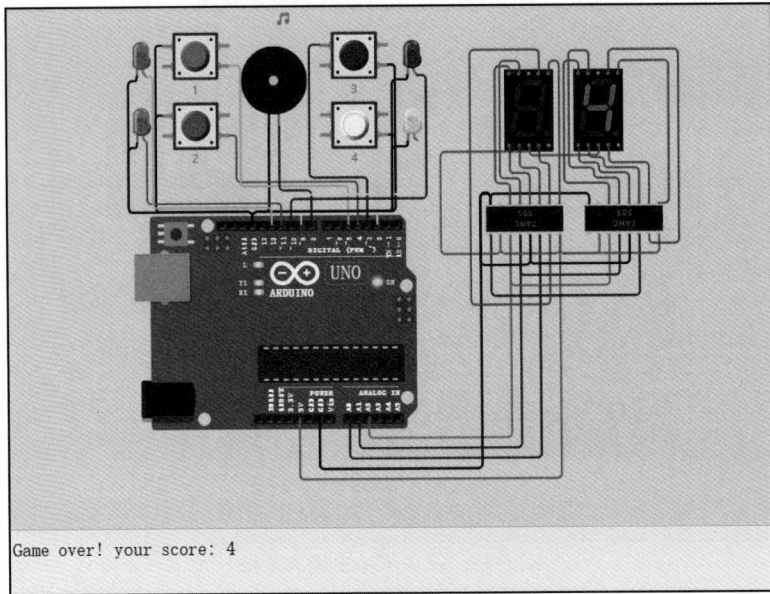

图 6-21 闯过多关后失败

（2）通过串口协议，来增加设置游戏的难度与加分规则。

（3）增加数码管的数量，以提高得分上限。

6.4 串口控制 RGB 调光

6.4.1 案例描述

设计一个基于 Arduino 的十字路口红绿灯交通灯系统，能够模拟十字路口红绿灯变化的情景，同时具备红绿灯时间显示，黄灯闪烁声音提示的功能。

6.4.2 硬件需求

- 主控芯片（Arduino UNO）；
- 蜂鸣器模块；
- 发光二极管与限流电阻；
- 2 个七段数码管；
- 8 位串行并行输出（SIPO）移位寄存器；
- 连接线。

其中，元器件如图 6-22 所示。

使用 74HC595 移位寄存器扩展微控制器上的 output 引脚数量，本案例中通过使用两个 74HC595 来扩展控制 2 个七段数码管，从而实现交通灯时间的显示。

图 6-22　元器件

6.4.3　软件需求

1. 平台分析

Wokwi 开发环境的服务器在国外,所以我们利用 VPN 来保证平台使用的流畅度。该平台可以满足软件编程的基本要求,可以使用 C 语言与 C++ 语言来对单片机编写控制程序,同时,该平台自带串口调试助手,符合该项目要求。

2. 软件程序组成

```
//定义三色灯常用引脚
const int pinR = 3;
const int pinG = 5;
const int pinB = 6;
int i;                                 //用于存放 0~255 设置的灰度值
String inString = "";                  //用于存储输入字符串
char LED='D';                          //用于存储三色通道 RGB 类型值
boolean stringComplete=false;          //用于判断数据是否为换行符
void setup() {
  Serial.begin(9600);
  Serial.println(("开始串口控制 RGB 三色灯"));

  pinMode(pinR, OUTPUT);               //设置红色通道引脚输出
  pinMode(pinG, OUTPUT);               //设置绿色通道引脚输出
  pinMode(pinB, OUTPUT);               //设置蓝色通道引脚输出
}
void loop() {
if (stringComplete)
{
if (LED=='R'){
analogWrite(pinR,i);
}
else if (LED=='G'){
analogWrite(pinG,i);
}
```

```
else if (LED=='B'){
analogWrite(pinB,i);
}


//清空数据,为下一次读取做准备
stringComplete = false;
inString="";
LED ='D';
}
}
//使用串口事件
void serialEvent(){
while(Serial.available()){
//读取新的字符
char inChar= Serial.read();
//根据输入数据进行分类
//如果是数字,则存储到变量 instring 中
//如果是英文字符,则存储到变量 LED 中
//如果是结束换行符",则结束读取,并将 instring 转换为 int 类型的数据
if (isDigit(inChar)){
inString += inChar;
}
else if(inChar== '\n')


{
  stringComplete=true;
  i=inString.toInt();


}

else LED =inChar;
}
}
```

6.4.4 程序流程图分析

Arduino 的程序主要由 setup()函数和 loop()函数两部分构成;其中 setup()函数为串口通信与三色灯输出引脚初始化部分;loop()函数不断循环检测来自串口改变的变量值,根据相应的变量来设定 RGB 通道值;最后,使用串口事件来对从串口助手输入的数据进行处理。程序流程图如图 6-23 所示。

6.4.5 实现步骤

(1) 放置仿真元器件并进行线路连接。
(2) 创建运行文件与仿真界面参数设置:通过 sketch.ino 编写控制代码,通过

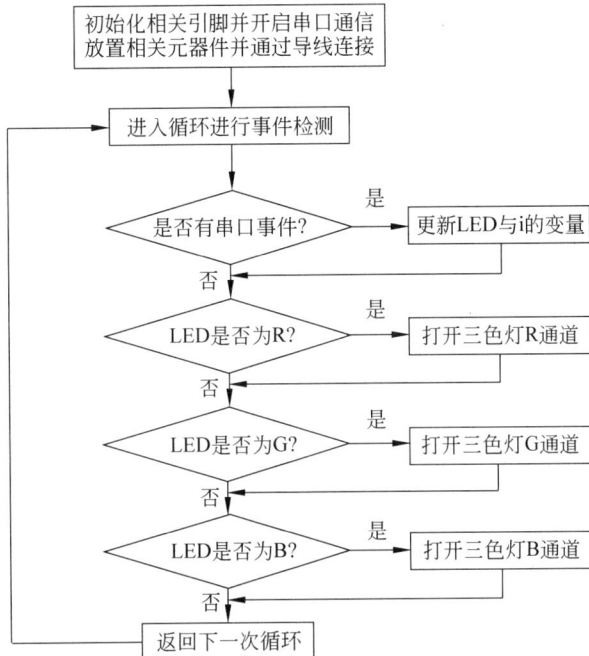

图 6-23　程序流程图

diagram.json 的相关参数来设置仿真界面。

（3）初始化：在代码中初始化数码管引脚并设置蜂鸣器引脚和 LED 输出引脚。

（4）定时中断循环设置交通灯计时值：使用循环结构设置交通灯计时值，并将其值显示在数码管上 loop()循环且根据相应的计数值进行红黄绿的切换，而数码管的显示函数放在 loop()循环中。

（5）黄灯报警：当绿灯切换为黄灯闪烁时，触发蜂鸣器发出警报声音。

6.4.6　测试和调试

编写完代码之后，单击仿真界面的"运行"按钮，代码将被运行，运行结果主要分为如下几种情况。

1. 串口开启 R 通道

在串口界面输入 R 通道的数值为 20 的指令，最终，LED 与三色灯根据指令亮起，如图 6-24 所示。

2. 串口开启 G 通道

在串口界面输入 G 通道的数值为 23 的指令，最终，LED 与三色灯根据指令亮起，如图 6-25 所示。

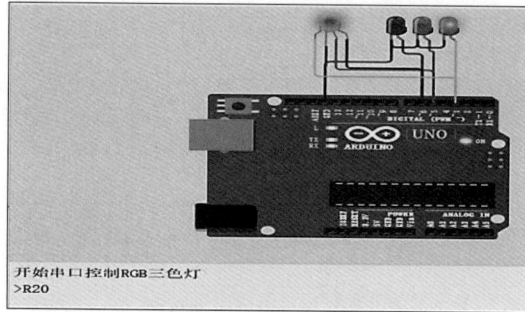

图 6-24　串口开启 R 通道

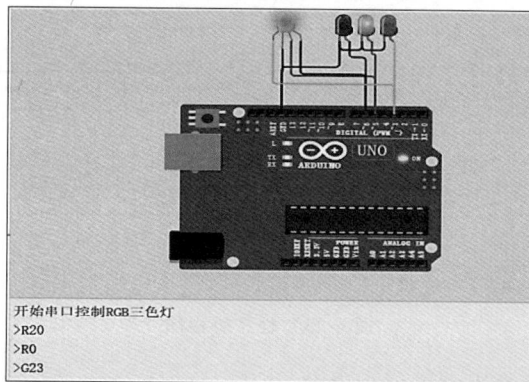

图 6-25　串口开启 G 通道

3. 串口开启 B 通道

在串口界面输入 B 通道的数值为 200 的指令，最终，LED 与三色灯根据指令亮起，如图 6-26 所示。

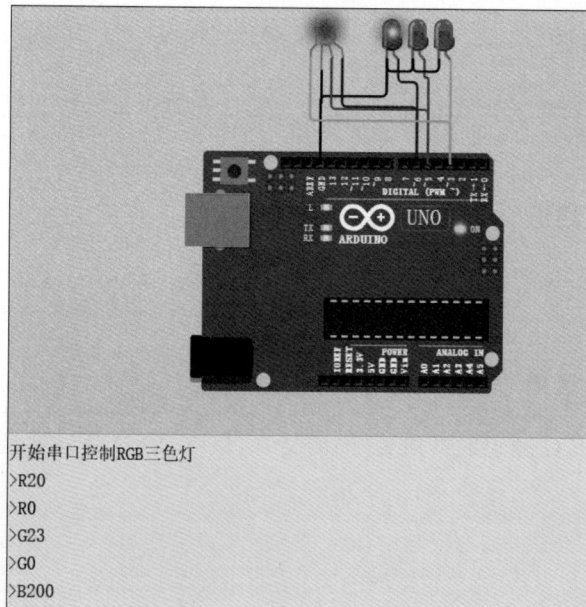

图 6-26　串口开启 B 通道

4. 串口混合开启通道

在串口界面分别输入 R 通道数值为 20、G 通道数值为 23 以及 B 通道数值为 200 的指令,最终,LED 与三色灯根据指令亮起,如图 6-27 所示。

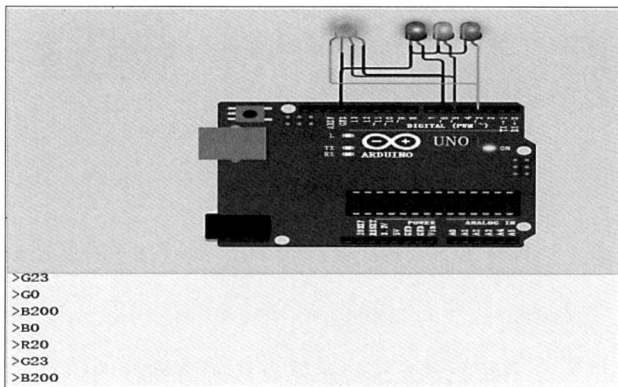

图 6-27 串口混合开启通道

6.4.7 优化和扩展

(1) 增加数码管来显示 RGB 各个通道的数值。
(2) 修改通信代码,可以只用一次发送来设置 RGB 的三通道。
(3) 增加一个开关来控制三色灯的亮与灭。

6.5 外部中断触发光感传感器点灯

6.5.1 案例描述

设计一个基于 Arduino 的外部中断触发的光感传感器点灯系统,能够模拟交通道路两旁根据亮度变化自动点灯的场景。

6.5.2 硬件需求

- 主控芯片(Arduino UNO);
- LCD 显示屏;
- LED 灯;
- 光感传感器(LDR);
- 连接线。

其中,元器件如图 6-28 所示。

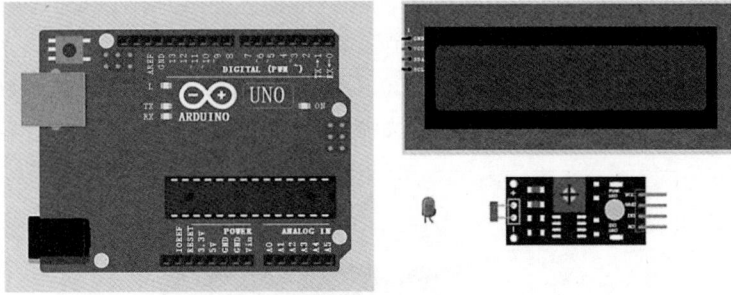

图 6-28　元器件

6.5.3　软件需求

1. 平台分析

该平台可以提供外部中断触发光感传感器点灯所需硬件的仿真元器件,故无须实际的单片机开发板就可以进行相应的编程。

2. 软件程序组成

程序每次触发定时中断,就会顺序地执行中断内容;并且在 loop()循环中也是顺序执行,并根据相应引脚情况做出分支动作,直到触发外部中断,从而去执行中断的内容,下面为顺序执行程序实例:

```
#include <LiquidCrystal_I2C.h>          //引入 LCD 屏幕的 IIC 库
#define LDR_PIN_1 3                      //定义外部中断 1 引脚
#define LDR_PIN_2 2                      //定义外部中断 2 引脚
#define LED 13                           //定义 LED 灯引脚
LiquidCrystal_I2C lcd(0x27, 20, 4);      //初始化 LCD 对象
void setup() {
  pinMode(LED, OUTPUT);                  //控制 LED 灯
  pinMode(LDR_PIN_1, INPUT);             //控制灭灯中断引脚
  pinMode(LDR_PIN_2, INPUT);             //控制亮灯中断引脚
  lcd.init();
  lcd.backlight();
  attachInterrupt(digitalPinToInterrupt(LDR_PIN_1),auto_light_1,FALLING);
                                         //灭灯中断初始化
  attachInterrupt(digitalPinToInterrupt(LDR_PIN_2),auto_light_2,RISING);
  //亮灯中断初始化
}
void auto_light_1()
{
    digitalWrite(LED, LOW);              //灭灯
}
void auto_light_2()
{
    digitalWrite(LED, HIGH);            //点灯
```

```
}
void loop() {
  lcd.setCursor(2, 0);                    //设置 LCD 屏幕文字亮起位置
  lcd.print("Room: ");
  if (digitalRead(LDR_PIN_1) == LOW) {    //判断光感传感器引脚输出是否为低电平
    lcd.print("Light!");
  } else {
    lcd.print("Dark  ");
  }
  delay(100);
}
```

6.5.4　程序流程图分析

Arduino 的程序主要由 setup()函数和 loop()函数两部分构成;其中 setup()函数为初始化部分,将单片机中所需的引脚对其输出方式进行设置以及对外部中断引脚进行初始化。loop()函数中为不断循环的函数并对光感传感器引脚进行持续检测,以便做出相应点灯与灭灯的提示。程序流程图如图 6-29 所示。

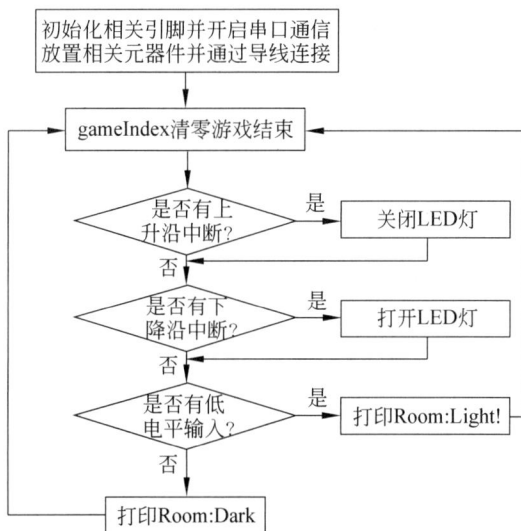

图 6-29　程序流程图

6.5.5　实现步骤

(1) 放置仿真元器件并进行线路连接。

(2) 将 LDR 传感器单独进行测试,在 loop()循环中根据读取传感器引脚电平来分别点亮与熄灭 LED 灯,完成之后进入下一步。

(3) 将点灯的操作放在下降沿触发的中断函数中,将灭灯的操作放在上升沿触发的中断函数中,完成测试之后进入下一步。

(4) 最后,加入 LCD 屏幕来显示点灯与灭灯的不同状况,并完成联调测试。

6.5.6　测试和调试

编写完代码之后,单击仿真界面的"运行"按钮,代码将被运行,运行的结果主要分为以下两种情况。

1. LED 灯亮起

当光照传感器的光照值小于一定值时,LED 灯亮起并且 LCD 屏幕显示 Room:Dark,如图 6-30 所示。

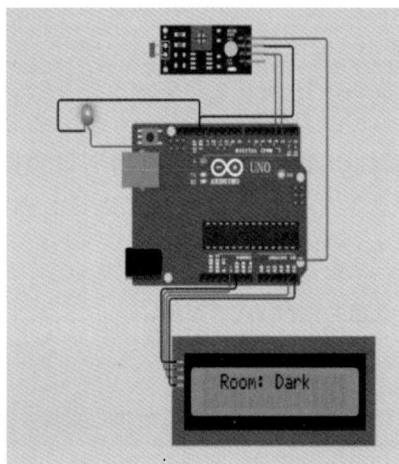

图 6-30　LED 灯亮起

2. LED 灯熄灭

当光照值大于一定值时,LED 熄灭并且 LCD 屏幕显示 Room:Light!,如图 6-31 所示。

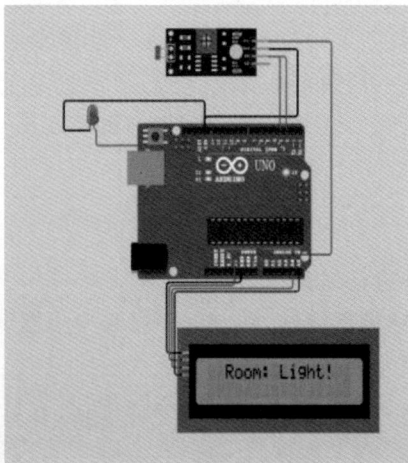

图 6-31　LED 灯熄灭

6.5.7　优化和扩展

（1）在点灯与灭灯之后加入相应的蜂鸣器声音提示。

（2）加入串口控制 LED 灯亮灭的功能。

（3）在 LCD 的第二行显示中加入当前时间。

6.6　步进电机外部中断串口通信控制

6.6.1　案例描述

首先，对电机进行模拟转向测试，随后，由外部中断按键来停止测试，开始串口控制步进电机移动的相对位置和绝对位置并且设定其最大速度和加速度，最后，可由外部中断对串口控制电机根据情况进行急停控制。

6.6.2　硬件需求

- 主控芯片（Arduino UNO）；
- 4×20 像素的 LCD 显示模块；
- A4988 步进电机控制模块；
- 步进电机；
- 开关；
- 连接线。

其中，元器件如图 6-32 所示。

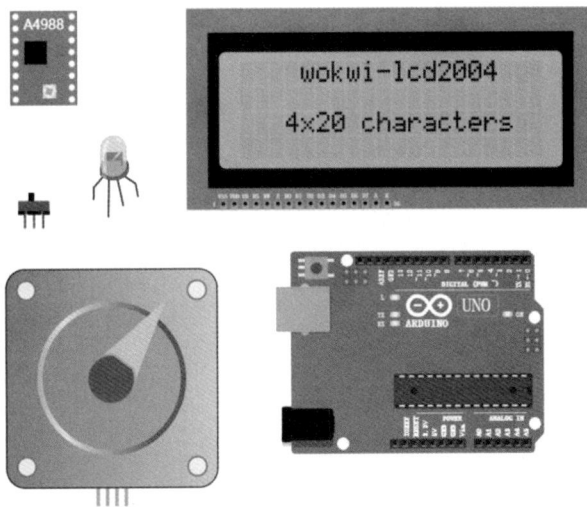

图 6-32　元器件

6.6.3 软件需求

1. 平台分析

Wokwi 开发环境的服务器在国外,所以我们利用 VPN 来保证平台使用的流畅度。

该平台可以满足软件编程的基本要求,可以使用 C++ 语言对其进行开发,通过调用 LCD 库与步进库来完成所需调试。

该平台可以提供外部中断与串口联动步进电机控制所需硬件的仿真元器件,故无须实际单片机开发板与步进电机等设备来完成调试。

2. 软件程序组成

程序主要由控制、通信以及显示三大模块组成,以下为各个模块的代码实例。

```
/* ------------------控制------------------ */
void loop() {                              //循环检测串口指令,并根据指令去控制电机
  vypisLCD();
  while(Serial.available() > 0) {
    char c=Serial.read();                  //获取串口数据
    Serial.print(c);                       //打印获取的数据
    if(sofar<MAX_BUF-1) serialBuffer[sofar++]=c;   //存储串口传输数据
    if((c=='\n') || (c == '\r')) {         //如果读到换行符,则完成数据处理
      serialBuffer[sofar]=0;
      Serial.print(F("\r\n"));             //输出换行符
      processCommand();                    //对串口数据进行解析
      ready();                             //打印指令发送完成提示
    }
  }
}
void homing () {                           //电机正反转测试
  delay(5);                                //等待驱动器完成初始化
  //设置最大速度与最大加速度
  while(!stop_flag) {
  stepper1.setMaxSpeed(500.0);             //设置最大速度
  stepper1.setAcceleration(300.0);         //设置最大加速度
  Serial.println(" 步进电机 1 完成逆转设置 ");
  lcd.setCursor(0, 0);                     //LCD 打印反转提示
  lcd.print ("Start reversing");
  while (digitalRead(deriction_key)) {     //反转
    digitalWrite(pinB, 0);
    stepper1.moveTo(initial_homing);
    initial_homing--;
    stepper1.run();
    if(stop_flag)  {                       //是否急停
    digitalWrite(pinG, LOW);               //绿灯灭
    break;
    }
```

```
      delay(5);
      digitalWrite(pinG, HIGH);                //绿灯亮
  }
      //digitalWrite(pinG, 0);                 //灭绿灯
      //delay(500);
//设置最大速度与最大加速度
  stepper1.setMaxSpeed(800.0);                 //设置最大速度
  stepper1.setAcceleration(500.0);             //设置最大加速度
  Serial.println(" 步进电机 1 完成正转设置 ");
  lcd.setCursor(0, 0);                         //LCD打印正转提示
  lcd.print ("forward rotation");
  while (!digitalRead(deriction_key)) {        //正转
    digitalWrite(pinG, LOW);
    stepper1.moveTo(initial_homing);
    stepper1.run();
    initial_homing++;
    if(stop_flag){                             //是否急停
      digitalWrite(pinB, LOW);                 //灭蓝灯
      break;
    }
    delay(5);
    digitalWrite(pinB, HIGH);                  //蓝灯亮起
  }
  }
  stop_flag=0;                                 //回归标志位
}
```

正反转测试情况如图 6-33 所示。

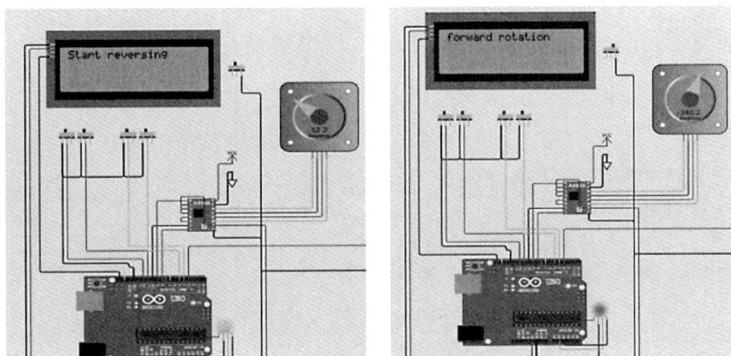

图 6-33　正反转测试

```
/*---------通信---------*/
void help() {
  Serial.print(F("串口与外部中断联控电机 "));
  Serial.println(1.0);
  Serial.println(F("Commands:"));
  Serial.print(F("步进电机最大速度限制设置"));
  Serial.println(F("S00 [P(LIMIT)]"));
  Serial.print(F("步进电机最大加速度限制设置"));
```

```
        Serial.println(F("S01 [A(LIMIT)]"));
        Serial.print(F("步进电机相对位置设置"));
        Serial.println(F("S02 [R(steps)]"));
        Serial.print(F("步进电机绝对位置设置"));
        Serial.println(F("S03 [B(position)] "));
        Serial.println(F("M10 come back to enable"));
        Serial.println(F("M100; - this help message"));
        Serial.println(F("All commands must end with a newline."));
    }
float parseNumber(char code,float val) {
    char * ptr=serialBuffer;                    //取出数据缓存区域的指针
    while((long)ptr > 1 && (* ptr) && (long)ptr < (long)serialBuffer+sofar) {
/*判断 ptr 的值是否大于 1,通常可以使用 (* ptr) 来判断指针 ptr 所指向的内容是否为空以
及确保指针 ptr 不会超出已经接收到的有效数据范围 */
        if(* ptr==code) {                       //找到所需字符
            return atof(ptr+1);                 //并返回字符之后的数值
        }
        ptr=strchr(ptr,' ')+1;      /* 使用 strchr()函数找到字符串中第一个空格字符,并
将指针 ptr 移动到该空格字符的下一个位置 */
    }
    return val;                                 //如果没有找到有效数据,则返回默认设定数值
}
void processCommand() {                          //指令解析函数
    int cmd = parseNumber('S',-1);              //获取指令 S 后面的数值
    switch(cmd) {
    case  0:                                    //最大速度模式设定
    speed_l = parseNumber('P',-1);
    if (!digitalRead(4))                        //是否开启最大速度模式设定开关
    {
        stepper1.setMaxSpeed(speed_l);          //设置最大速度
    }
    break;
    case  1: {                                  //最大加速度模式设定
     acc_l = parseNumber('A',-1);
        if (!digitalRead(5))                    //是否开启最大加速度模式设定开关
    {
        stepper1.setAcceleration(acc_l);
    }
        break;
    }
    case 2:{                                    //相对位置模式设定
    digitalWrite(pinR,LOW);
    rel_pos = parseNumber('R',-1);
        if (!digitalRead(11))                   //是否开启相对位置模式设置开关
    {
        serail_homing=0;
        int count=abs(rel_pos);
        if(rel_pos<0)
        {
```

```
    while(count--){
    if(stop_flag) break;
    stepper1.move(serail_homing);          //设定对应的相对位置
    serail_homing--;                        //递减方向为负
    stepper1.run();
    Serial.println(serail_homing);
    delay(5);}
    }
    else
    {
    while(count--){
    if(stop_flag) break;
    serail_homing++;                        //递增方向为正
    stepper1.move(serail_homing);          //设定对应的相对位置
    stepper1.run();
    delay(5);}
    }
    stop_flag=0;                            //回归标志位
    }
    break;
    }
    case 3: {                               //绝对位置工作方式
    digitalWrite(pinR,LOW);
    abs_pos = parseNumber('B',-1);
      if (!digitalRead(12))                 //是否开启绝对位置模式设置开关
    {
    ABS_FLAG=true;
    stepper1.moveTo(abs_pos);              //设定步进电机的绝对位置
    stepper1.runToPosition();
    }
    ABS_FLAG=false;
      break;
    }
    default:  break;
    }
    int cmd_2 = parseNumber('M',-1);
    if(cmd_2==100) help();                   //打印指令调试信息
    if(cmd_2==10) digitalWrite(M1_ENA, LOW);  //步进电机使能
}

/*------------------LCD 显示------------------*/

void vypisLCD() {
  lcd.setCursor(0, 0);
  lcd.print("serail control");
if (!digitalRead(4)) {
    lcd.setCursor(0, 1);
    lcd.print("speed_l");
  }
```

```
  else {
    lcd.setCursor(0, 1);
    lcd.print("        ");
    lcd.setCursor(0, 1);
    lcd.print(speed_l);
  }
if (!digitalRead(5)) {
    lcd.setCursor(11, 1);
    lcd.print("acc_l");
  }
  else {
    lcd.setCursor(11, 1);
    lcd.print("        ");
    lcd.setCursor(11, 1);
    lcd.print(acc_l);
  }
if (!digitalRead(11)) {
    lcd.setCursor(0, 2);
    lcd.print("rel_pos");
  }
  else {
    lcd.setCursor(0, 2);
    lcd.print("        ");
    lcd.setCursor(0, 2);
    lcd.print(serail_homing);
  }
if (!digitalRead(12)) {
    lcd.setCursor(11, 2);
    lcd.print("abs_pos");
  }
  else {
    lcd.setCursor(11, 2);
    lcd.print("        ");
    lcd.setCursor(11, 2);
    lcd.print(abs_pos);
  }
}
```

相应的 LCD 显示效果如图 6-34 所示。

6.6.4　程序流程图分析

Arduino 的程序主要由 setup()函数和 loop()函数两部分构成；其中 setup()函数为初始化部分,对外部中断引脚、步进电机控制引脚、三色灯控制引脚、LCD 与串口引脚以及开关引脚进行初始化。loop()函数不断读取串口信息,从而根据串口内容去执行相应动作。程序流程图如图 6-35 所示。

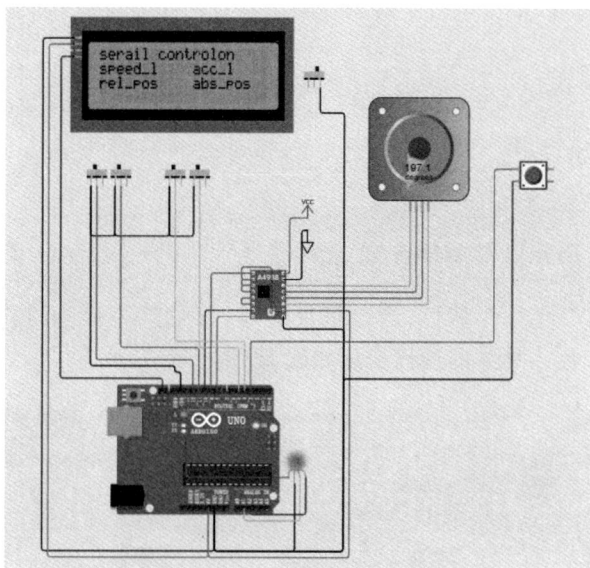

图 6-34 LCD 模式显示

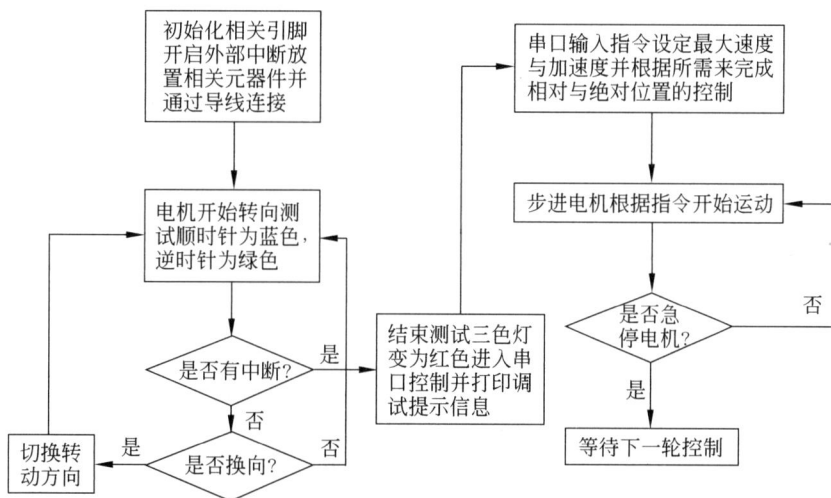

图 6-35 程序流程图

6.6.5 实现步骤

(1) 初步调试步进电机,完成 Arduino 对电机使能、相对位置控制、绝对位置控制、最大速度以及加速度设置。

(2) 编写串口通信解析程序,通过串口指令控制步进。

(3) 将串口控制步进电机的信息在 4×20 像素的 LCD 屏中显示。

(4) 加入串口控制电机启动开关,由开关的闭与合来决定是否对步进电机的某一种状态进行设置,一共有 4 个开关。

（5）加入灯光提示，步进电机正转与反转以及急停报警都有对应的灯光。

6.6.6　测试和调试

单击仿真测试按键，项目进入工作状态，接下来将从以下几方面介绍具体的调试状况。

1. 电机上电正反转以及急停测试

当电机正转时，三色灯为蓝色；当电机反转时，三色灯为绿色；当前电机被按下急停开关时，三色灯为红色。具体的过程变化如图 6-36 所示。

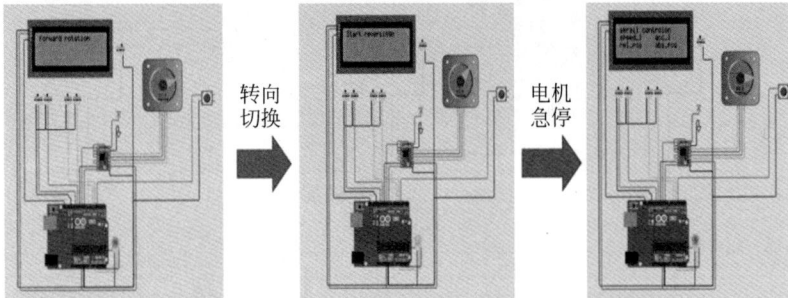

图 6-36　电机上电正反转以及急停测试

2. 串口对步进不同模式的设定以及相关控制

1）步进电机的速度设置

将速度设定按钮打开并把步进电机的最大速度设定为 600 步/秒，具体过程如图 6-37 所示。

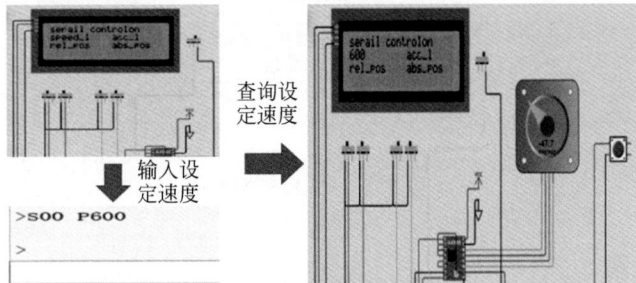

图 6-37　步进电机的速度设置

2）步进电机的加速度设置

打开速度设定按钮，将步进电机的最大速度设定为 200 步/秒，具体过程如图 6-38 所示。

3）相对位置模式控制

打开相对位置设定按钮，将步进电机的相对位置设置为 500，电机进行相应的运动并且 LCD 屏幕打印相对位置量，具体过程如图 6-39 所示。

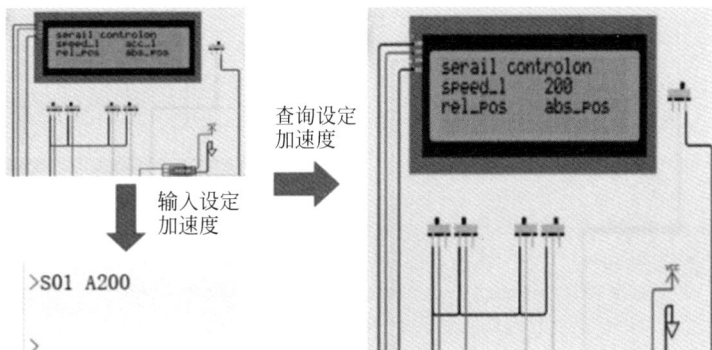

图 6-38　步进电机的加速度设置

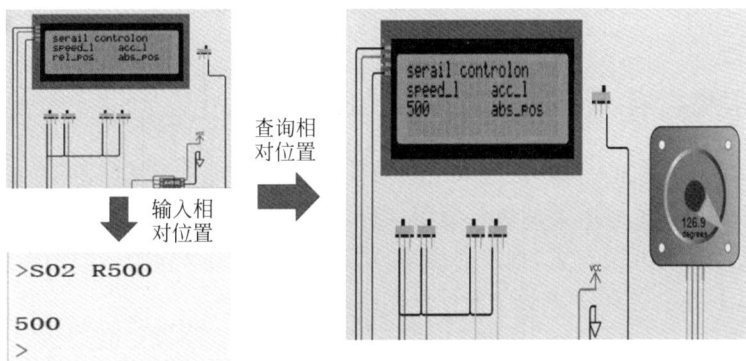

图 6-39　相对位置模式控制

4）绝对位置模式控制

打开绝对位置设定按钮，将步进电机的绝对位置设置为 300，电机进行相应的运动并且 LCD 屏幕打印绝对位置量，具体过程如图 6-40 所示。

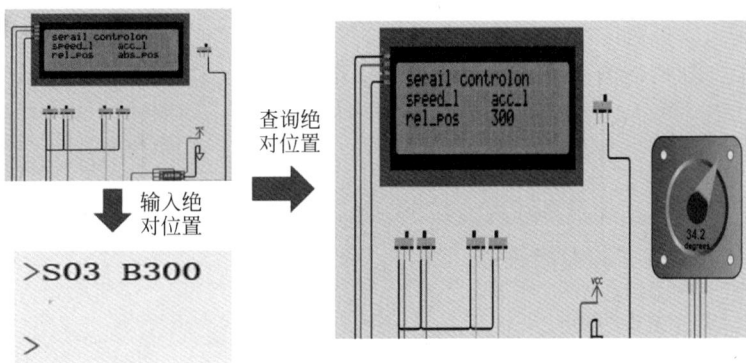

图 6-40　绝对位置模式控制

5）对电机进行使能设定

在串口界面发送 M10 来使能电机，如图 6-41 所示。

6）电机模式设定数据汇总

通过串口设定电机最大加速度、最大速度等数据如图 6-42 所示。

```
串口与外部中断联控电机 1.00
Commands:
步进电机最大速度限制设置S00 [P(LIMIT)]
步进电机最大加速度限制设置S01 [A(LIMIT)]
步进电机相对位置设置S02 [R(steps)]
步进电机绝对位置设置S03 [B(position)]
M10 come back to enable
M100: - this help message
All commands must end with a newline.
M10

>
```

图 6-41　电机使能

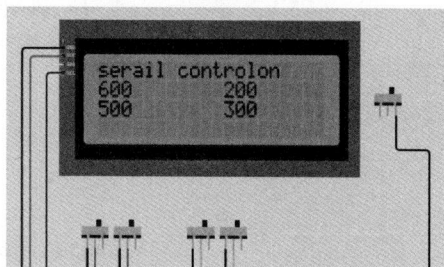

图 6-42　电机模式设定数据汇总

6.6.7　优化和扩展

（1）增加步进电机的个数,完成双电机协同控制。

（2）急停可以加入蜂鸣器的急停报警,将模式设置开关省去用串口代替。

（3）将正反转的开关省去,直接使用串口指令来完成正反转测试的切换。

（4）将以上各个仿真功能整合进行整体调试。

6.7　超声波智能避障小车

6.7.1　案例描述

本项目使用两个超声波模块以实现对小车两侧障碍物距离的检测与模拟,使用步进电机的正反转来模拟避障小车的前进与后退,使用舵机的向上转动与向下转动来模拟小车的左右转向,同时,使用三色灯来显示避障小车的运行状态。

6.7.2　硬件需求

- 主控芯片(Arduino UNO);
- A4988 步进电机控制模块;
- 步进电机;
- 舵机;
- 三色灯;
- 连接线。

其中,元器件如图 6-43 所示。

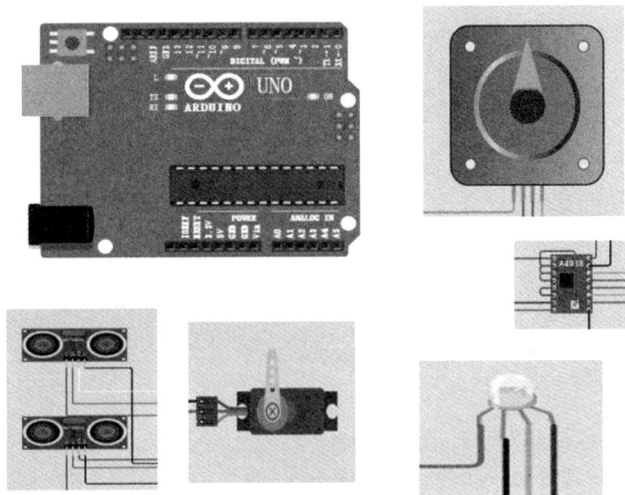

图 6-43 元器件

6.7.3 软件需求

1. 平台分析

Wokwi 开发环境的服务器在国外,我们利用 VPN 来保证平台使用的流畅度。

该平台满足软件编程的基本要求,允许使用 C++ 语言开发,来调用舵机库与步进电机库,并创建对象来完成所需的调试。

通过网页自带的串口通信调试助手和仿真元器件,可以方便地进行舵机、步进电机等设备的调试和测试,而无须购买实际的硬件设备。

2. 软件程序组成

```
#include <AccelStepper.h>               //步进电机库
#include <Servo.h>                      //舵机库
Servo myservo;                          //建立一个舵机对象
AccelStepper stepper1(1, A5, A4);       //分配步进电机引脚
int distance=100;                       //初始化障碍物距离

//常量定义三色灯引脚
const int pinR = A0;
const int pinG = A1;
const int pinB = A2;
bool forward=false;
bool back=false;
int pos = 0;

//宏定义左路超声波引脚
#define LIFT_ECHO_PIN 4
#define LIFT_TRIG_PIN 5
```

```
//宏定义右路超声波引脚
#define RIGHT_ECHO_PIN 6
#define RIGHT_TRIG_PIN 7

//定义舵机引脚
#define Servo_PIN 2

#define MAX_BUF        (64)             //设定通信最长数据
char   serialBuffer[MAX_BUF];          //通信数据缓存
int    sofar;                          //通信队列中实际的数据长度

//步进电机紧急制动按钮
#define home_switch 3
long initial_homing=-1;
```

/* 将 TRIG 引脚设置为 $10\mu s$ 或更高的高度。然后等到 ECHO 引脚变高,并计算它保持高的时间 (脉冲长度)。ECHO 高脉冲的长度与距离成正比。*/

```
//左路超声波测距函数
float LIFT_readDistanceCM() {
digitalWrite(LIFT_TRIG_PIN, LOW);      //脉冲引脚低电平
delayMicroseconds(2);                  //低脉宽 2μs,准备测距
digitalWrite(LIFT_TRIG_PIN, HIGH);     //脉冲引脚高电平产生脉冲信号来启动测量
delayMicroseconds(10);                 //高脉宽 10μs,启动距离测量
digitalWrite(LIFT_TRIG_PIN, LOW);      //脉冲引脚低电平
int duration = pulseIn(LIFT_ECHO_PIN, HIGH);
                                       /* 获取 ECHO 引脚高电平时间,以得到距离 */
return duration * 0.034 / 2;           //乘以对应的转换系数得到障碍物距离
}

//右路超声波测距函数
float RIGHT_readDistanceCM() {
  digitalWrite(RIGHT_TRIG_PIN, LOW);   //写入脉冲开始测量
  delayMicroseconds(2);
  digitalWrite(RIGHT_TRIG_PIN, HIGH);
  delayMicroseconds(10);
  digitalWrite(RIGHT_TRIG_PIN, LOW);
  int duration = pulseIn(RIGHT_ECHO_PIN, HIGH);
  return duration * 0.034 / 2;
}


void setup() {                         //设置初始化函数
  Serial.begin (9600);                 //串口初始化
  myservo.attach(Servo_PIN);
//设置三色灯引脚为输出
  pinMode(pinR, OUTPUT);
  pinMode(pinG, OUTPUT);
  pinMode(pinB, OUTPUT);
```

```
  digitalWrite(pinR, LOW);
  digitalWrite(pinG, LOW);
  digitalWrite(pinB, LOW);
//设定超声波脉冲发生引脚为输出,高电平测距引脚为输入
  pinMode(LIFT_TRIG_PIN, OUTPUT);
  pinMode(LIFT_ECHO_PIN, INPUT);

  pinMode(RIGHT_TRIG_PIN, OUTPUT);
  pinMode(RIGHT_ECHO_PIN, INPUT);
  help();                                  //打印调试提示信息
  stepper1.setMaxSpeed(1000.0);            //设置最大速度
  stepper1.setAcceleration(600.0);         //设置最大加速度
}


//串口提示指令
void help() {
  Serial.print(F("串口控制的避障机器人 "));
  Serial.println(1.0);
  Serial.println(F("Commands:"));
  Serial.print(F("避障小车前进"));
  Serial.println(F("S00"));
  Serial.print(F("避障小车后退"));
  Serial.println(F("S01"));
  Serial.println(F("M10 come back to enable"));
  Serial.println(F("M100; - this help message"));
  Serial.println(F("All commands must end with a newline."));
}
void ready() {
  sofar=0;                                 //清除有效数据个数缓存
  Serial.print(F(">"));                    //打印数据已经处理完毕的提示信息
}


void clockwise_back()
{
  digitalWrite(pinB, LOW);                 //灭蓝灯
  digitalWrite(pinG, HIGH);                //亮绿灯
  while (!forward) {                       //反转
      receive();                           //接收串口数据
      avoid();                             //更新避障信息
      stepper1.moveTo(initial_homing);     //控制小车后退
      initial_homing--;
      stepper1.run();
      if(forward)  {                       //是否把方向切换为前进
      digitalWrite(pinG, LOW);
      break;
      }
      if(distance<100) {                   //超声波避障判断
```

```
        delay(100/distance);
        if(distance<20){
        while(distance<20){                    //当距离小于20时,小车停止前进
        avoid();
        } }}
      else delay(5);
  }
}


void clockwise_farword()
{
  digitalWrite(pinG, LOW);                      //灭绿灯
  digitalWrite(pinB, HIGH);                     //亮蓝灯
while (!back) {                                 //正转
    receive();
    avoid();
    stepper1.moveTo(initial_homing);            //控制小车前进
    stepper1.run();
    initial_homing++;
    if(back){                                   //是否把方向切换为后退
      digitalWrite(pinB, LOW);                  //灭蓝灯
      break;
    }
    if(distance<100) {
        delay(100/distance);
        if(distance<20){
        while(distance<20){                     //当距离小于20时,小车停止前进
        avoid();
        }
        }
      }
    else delay(5);
  }
}

float parseNumber(char code,float val) {
  char * ptr=serialBuffer;                      //取出数据缓存区域的指针
  while((long)ptr > 1 && (* ptr) && (long)ptr < (long)serialBuffer+sofar) {
    /* 判断 ptr 的值是否大于1,通常可以使用 (* ptr) 来判断指针 ptr 所指向的内容是否为空
以及确保指针 ptr 不会超出已经接收到的有效数据范围 */
    if(* ptr==code) {                           //找到所需字符
      return atof(ptr+1);                       //并返回字符之后的数值
    }
    ptr=strchr(ptr,' ')+1;   /* 使用 strchr()函数找到字符串中第一个空格字符,并将
                            指针 ptr 移动到该空格字符的下一个位置 */
  }
  return val;                                   //如果没有找到有效数据,则返回默认设定数值
```

```
}

/ * 串口解析函数 * /
void processCommand() {                         //指令解析函数
  int cmd = parseNumber('S',-1);                //获取 S 之后的数值
  Serial.println(cmd);
  switch(cmd) {
  case  0:                                       //前进
  digitalWrite(pinR, LOW);
  back=false;
  forward=true;
  break;
  case  1:                                       //后退
  digitalWrite(pinR, LOW);
  back=true;
  forward=false;
  break;
  default:  break;
  }
  int cmd_2 = parseNumber('M',-1);
  if(cmd_2==100) help();                          //再次打印指令提示信息
  if(cmd_2==10) digitalWrite(M1_ENA, LOW);    //使能电机
}

/ * 串口接收函数 * /
void receive()
{
    while(Serial.available() > 0) {
    char c=Serial.read();                         //获取串口数据
    Serial.print(c);                              //打印获取的数据
    if(sofar<MAX_BUF-1) serialBuffer[sofar++]=c;   //存储串口传输数据
    if((c=='\n') || (c == '\r')) {                //如果读到换行符,则完成数据处理
      serialBuffer[sofar]=0;
      Serial.print(F("\r\n"));                     //输出换行符
      processCommand();                            //对串口数据进行解析
      ready();                                     //打印指令发送完成提示
    }
  }
}

void avoid()                                      //完成需要避障时相应延迟距离的设定
{
  float lift_distance =  LIFT_readDistanceCM();
  float right_distance = RIGHT_readDistanceCM();
  if( LIFT_readDistanceCM()<100){                //判断左前方障碍距离是否小于 100
    lift_distance = map(lift_distance, 100, 0, 90, 180);     //获取右转角度
    myservo.write(lift_distance);                //电机右转
    distance=LIFT_readDistanceCM();
  }
```

```
    else if( RIGHT_readDistanceCM()<100){        //判断右前方障碍距离是否小于 100
       right_distance = map(right_distance, 100, 0, 90, 0);     //获取左转角度
myservo.write(right_distance);                //电机左转
       distance=RIGHT_readDistanceCM();
    }
    else{
      myservo.write(90);
    }
}


void loop() {
  receive();                                     //接收串口数据
  //正反转控制
  if(back)clockwise_back();                      //前进
  if(forward) clockwise_farword();               //后退
  delay(100);
}
```

6.7.4　程序流程图分析

　　Arduino 的程序主要由 setup()函数和 loop()函数两部分构成；其中 setup()函数为初始化部分，对舵机引脚、步进电机控制引脚、三色灯控制引脚、超声波引脚与串口引脚进行初始化。loop()函数不断读取串口信息，根据串口内容去执行相应动作。程序流程图如图 6-44 所示。

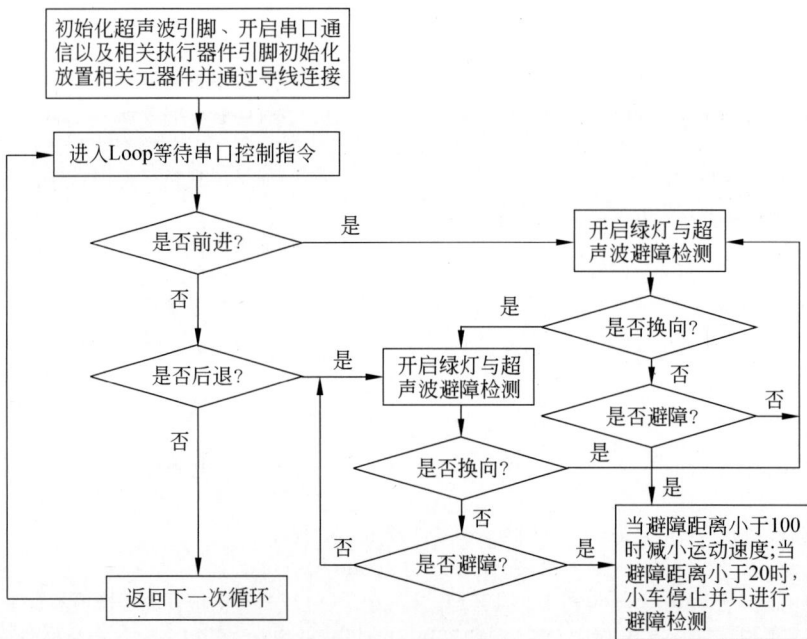

图 6-44　程序流程图

6.7.5　实现步骤

（1）初步调试步进电机完成按键对步进电机正反转的控制。
（2）编写串口通信解析程序,通过串口指令控制步进电机的正反转。
（3）对正在转动的电机,加入超声波模块控制,实现避障急停功能。
（4）加入舵机控制,针对左侧障碍物进行右转调节,右侧则反之。
（5）将上述功能进行整体联调测试。

6.7.6　测试和调试

单击仿真测试按钮,项目进入工作状态,接下来将从以下几方面介绍具体的调试状况。

1. 电机上电并等待串口输入控制信号

上电时,串口窗口打印避障小车调试信息,此时,小车等待串口指令的输入,具体情况如图 6-45 所示。

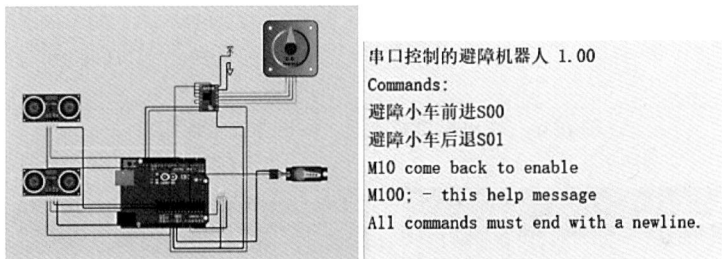

图 6-45　电机上电并等待串口输入控制信号

2. 使用串口对机器人发出前进控制指令

1）避障机器人前进
在串口输入行输入 S00,此时三色灯变为蓝色并且步进电机正转模拟机器人向前运动,具体过程如图 6-46 所示。
2）避障机器人前进侧遇到障碍物
当避障距离小于 100,在左边遇到障碍物时,舵机右转;在右边遇到障碍物时,舵机左转,具体过程如图 6-47 所示。
3）避障机器人前进侧遇到障碍物并逼停
当避障距离小于 20 时,步进电机停止运动并且三色灯变为红色,具体过程如图 6-48 所示。

3. 使用串口对机器人发出后退控制指令

1）避障机器人前进
在串口输入行输入 S01,此时三色灯变为蓝色并且步进电机正转模拟机器人向前运

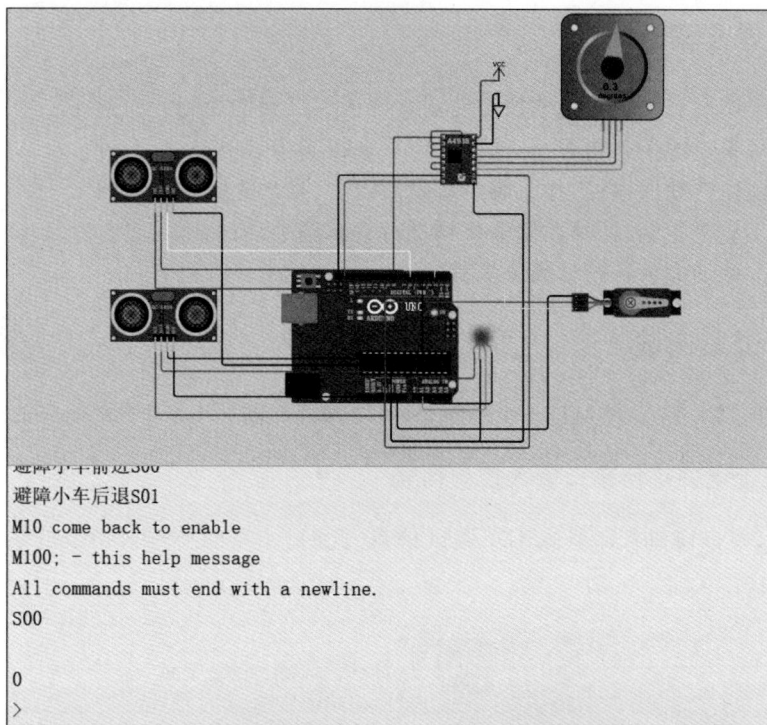

```
避障小车前进S00
避障小车后退S01
M10 come back to enable
M100; - this help message
All commands must end with a newline.
S00

0
>
```

图 6-46　使用串口对机器人发出前进控制指令

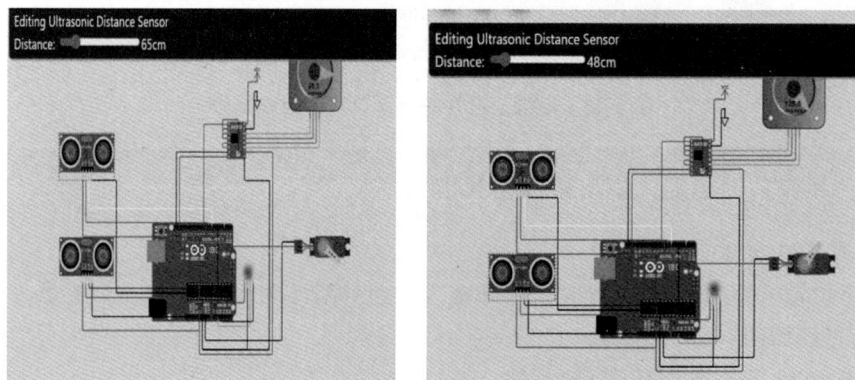

图 6-47　避障机器人前进侧遇到障碍物

动,具体过程如图 6-49 所示。

2) 避障机器人后退侧遇到障碍物

当避障距离小于 100,在左边遇到障碍物时,舵机右转;在右边遇到障碍物时,舵机左转,具体过程如图 6-50 所示。

3) 避障机器人后退侧遇到障碍物并逼停

当避障距离小于 20 时,步进电机停止运动并且三色灯变为红色,具体过程如图 6-51 所示。

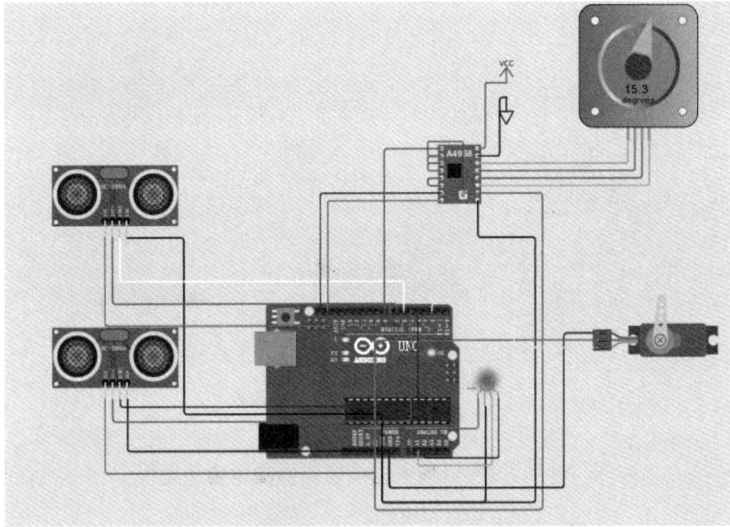

图 6-48　避障机器人前进侧遇到障碍物并逼停

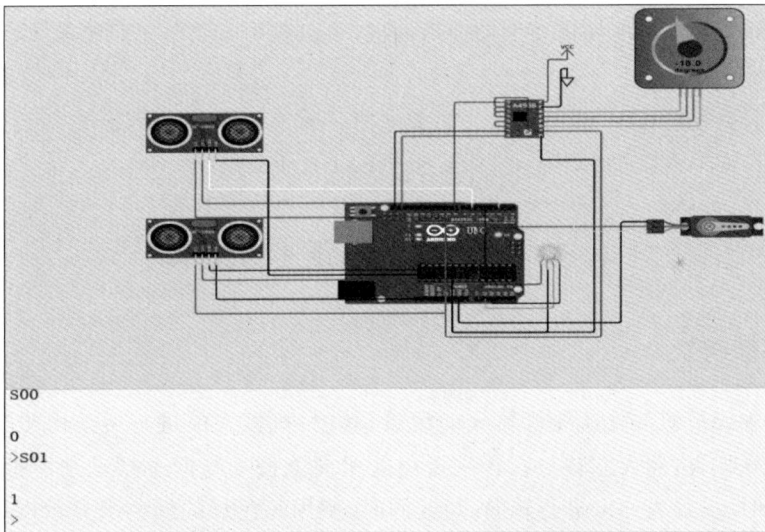

图 6-49　使用串口对机器人发出后退控制指令

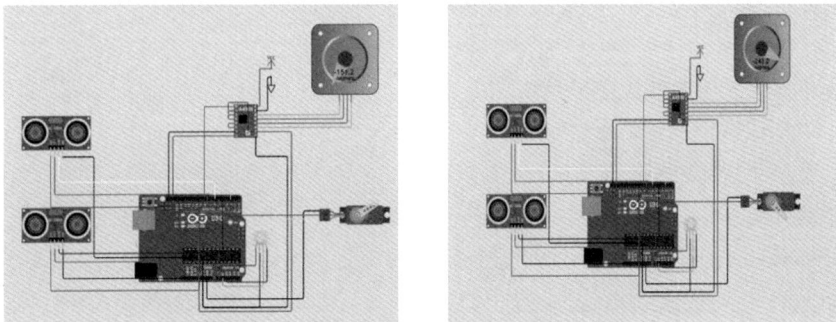

图 6-50　避障机器人后退侧遇到障碍物

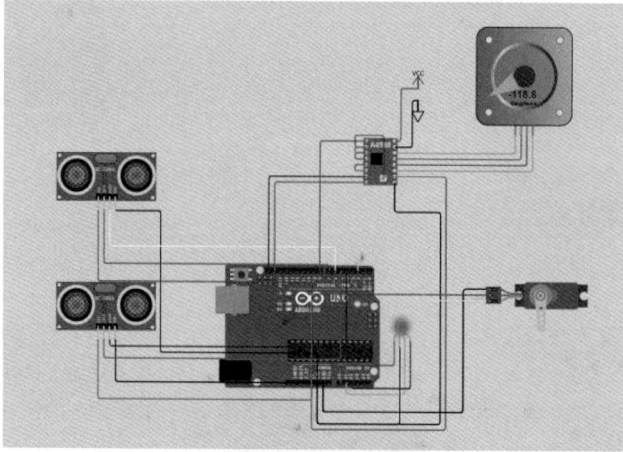

图 6-51　避障机器人后退侧遇到障碍物并逼停

6.7.7　优化和扩展

（1）实际中超声波模块需要考虑前后两次，可以再引入两个超声波模块，针对前进与后退实现分组避障。

（2）当避障距离小于一定值时，小车被逼停之后加入蜂鸣器报警。

（3）加入红外遥控控制小车，来设定电机的工作模式。

6.8　智能红外遥控小车

6.8.1　案例描述

本案例主要模拟红外遥控机器人的场景，其中，机器人前进与后退由步进电机的正转与反转来模拟，机器人左转与右转主要由舵机向上摆动与向下摆动来模拟，并且当舵机处于水平时，机器人并未进行转向，与此同时，使用三色灯的颜色来显示机器人的前进与后退状态。

6.8.2　硬件需求

- 主控芯片（Arduino UNO）；
- 4×20 像素的 LCD 显示模块；
- A4988 步进电机控制模块；
- 步进电机；
- 38kHz 红外遥控器；
- 38kHz 红外接收器；
- 三色灯；

- 连接线。

其中,元器件如图 6-52 所示。

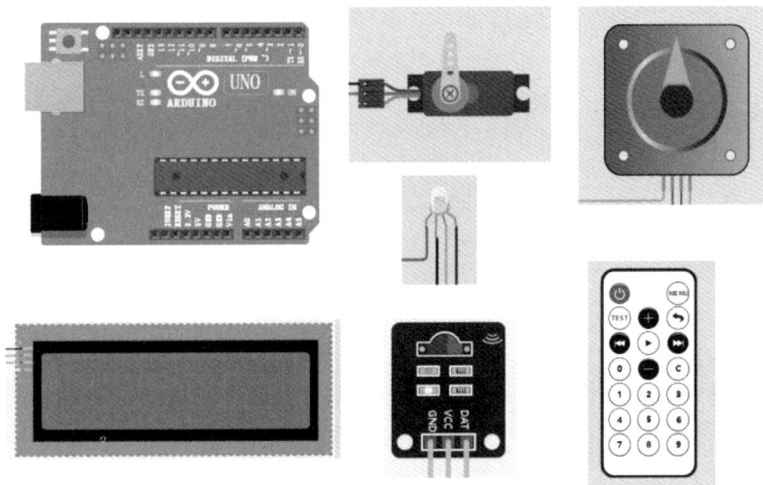

图 6-52　元器件

6.8.3　软件需求

1. 平台分析

Wokwi 开发环境的服务器在国外,我们利用 VPN 来保证平台使用的流畅度。

该平台可以满足软件编程的基本要求,可以使用 C++ 语言对其进行开发,通过调用 LCD 库、步进库、舵机库以及红外遥控库并创建相关对象来完成所需调试;故无须购买以上相关实际器件,即可完成虚拟仿真设计。

2. 软件程序组成

红外遥控小车全部代码如下:

```
#include <AccelStepper.h>                    //引入步进电机库
#include <LiquidCrystal_I2C.h>               //引入 LCD 库
#include <IRremote.h>                        //引入红外遥控库
#include <Servo.h>                           //引入舵机库
#define PIN_RECEIVER 11                      //定义遥控引脚
IRrecv receiver(PIN_RECEIVER);              //初始化红外遥控
Servo myservo;                               //创建一个舵机对象
AccelStepper stepper1(1, 10, 8);            //分配步进电机引脚
LiquidCrystal_I2C lcd(0x27,20,4);           //初始化 LCD 屏

//定义三色灯引脚
const int pinR = A0;
const int pinG = A1;
const int pinB = A2;
```

```
//舵机初始位置
int pos = 90;
int initial_homing=0;

#define Servo_PIN 2

#define MAX_BUF        (64)                    //设定通信最长数据
char   serialBuffer[MAX_BUF];                  //通信数据缓存
int    sofar;                                  //通信队列中实际数据的长度

void setup() {
  Serial.begin (9600);                         //初始化串口
  myservo.attach(Servo_PIN);                   //初始化舵机
  receiver.enableIRIn();                       //使能红外接收模块
//初始化三色灯引脚
  pinMode(pinR, OUTPUT);
  pinMode(pinG, OUTPUT);
  pinMode(pinB, OUTPUT);
  digitalWrite(pinR, LOW);
  digitalWrite(pinG, LOW);
  digitalWrite(pinB, LOW);
  stepper1.setMaxSpeed(1000.0);                //设置最大速度
  stepper1.setAcceleration(600.0);             //设置最大加速度
  lcd.init();                                  //LCD初始化
  lcd.backlight();                             //LCD背光
  lcd.print("<press a button>");               //显示按键输入提示
  lcd.setCursor(0, 2);                         //设定红外小车提示字符显示位置
  lcd.print("IR-----CAR");                     //打印提示字符

}
void turn_right()                              //右转函数
{
  myservo.write(pos++);                        //角度加一
  lcd.setCursor(0, 2);                         //打印右转向角度信息
  lcd.print("direction ");
  lcd.print(pos);
}
void turn_left()                               //左转函数
{
  myservo.write(pos--);                        //角度减一
  lcd.setCursor(0, 2);                         //打印左转向角度信息
  lcd.print("direction ");
  lcd.print(pos);
}
void clockwise_back()                          //电机反转
{
digitalWrite(pinB, LOW);                       //灭蓝灯
digitalWrite(pinG, HIGH);                      //亮绿灯
int count=200;
```

```
while(count--){                          //每次后退一段固定步长
stepper1.moveTo(initial_homing);
initial_homing--;
stepper1.run();
delay(5);
}
digitalWrite(pinG, LOW);                 //完成后退灭绿灯
}
void clockwise_farword()
{
  digitalWrite(pinG, LOW);               //灭绿灯
  digitalWrite(pinB, HIGH);              //灭蓝灯
  int count=200;

  while(count--){                        //每次前进一段固定步长
  stepper1.moveTo(initial_homing);
  initial_homing++;
  stepper1.run();
  delay(5);
  }
  digitalWrite(pinB, LOW);               //完成前进灭蓝灯
}
void lcdPrint(char * text)               //打印 LCD 按键提示函数
{
  lcd.clear();                           //清屏
  lcd.setCursor(0, 0);
  lcd.print("button pressed:");          //按键已按下提示
  lcd.setCursor(0, 1);
  lcd.print(text);
  lcd.print(" code: ");                  //打印对应按键码值
  lcd.print(receiver.decodedIRData.command);  //打印指令码
}

void translateIR()                       //红外指令解析函数
{
  switch(receiver.decodedIRData.command) {  //根据指令码执行相应动作
    case 24:                             //前进
      lcdPrint("num: 2");
      lcd.setCursor(0, 3);
      lcd.print("forward~~~");
      clockwise_farword();               //电机正转
      break;
    case 16:                             //左转
      lcdPrint("num: 4");
      turn_lift();                       //电机左转
      lcd.setCursor(0, 3);
      lcd.print("left~~~");              //电机左转提示
      break;
    case 90:                             //右转
      lcdPrint("num: 6");
      turn_right();                      //电机右转
      lcd.setCursor(0, 3);
      lcd.print("right~~~");
```

```
      break;
    case 74:                                        //后退
      lcdPrint("num: 8");
      lcd.setCursor(0, 3);
      lcd.print("back~~~");                         //电机左转提示
      clockwise_back();                             //电机反转
      break;
    default:                                        //不是红外小车控制按键
      lcd.clear();
      lcd.print(receiver.decodedIRData.command);
      lcd.print(" other button");
  }
}

void loop() {
if (receiver.decode()) {                            //判断是否有指令输入
    translateIR();
    receiver.resume();                              //准备接收下一个字符
  }
}
```

6.8.4　程序流程图分析

Arduino 的程序主要由 setup()函数和 loop()函数两部分构成；其中 setup()函数为初始化部分，将红外遥控引脚、步进电机控制引脚、三色灯控制引脚、LCD 与串口引脚以及舵机引脚进行初始化。loop()函数不断读取来自红外遥控信息，从而根据指令内容去执行相应动作。程序流程图如图 6-53 所示。

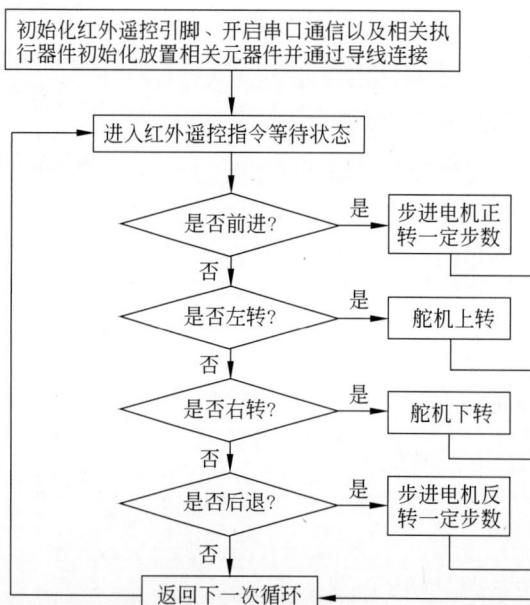

图 6-53　程序流程图

6.8.5　实现步骤

（1）初步调试步进电机完成 Arduino 对电机的正反转测试与舵机转动测试。

（2）编写红外遥控通信解析程序,通过遥控指令实现步进电机与舵机的运动控制。

（3）将舵机与步进电机控制信息在 4×20 像素的 LCD 屏中显示。

（4）加入步进电机正反转提示,当正转时三色灯为蓝色,反转时三色灯为绿色。

（5）整合各个模块完成整体测试和调试。

6.8.6　测试和调试

单击仿真测试按钮,项目进入工作状态,接下来将从以下几方面来介绍具体的调试状况。

1. 电机上电并等待遥控输入控制按键

上电时,LCD 屏幕提示＜press a button＞与 IR------CAR,说明正在等待红外遥控指令的输入,具体情况如图 6-54 所示。

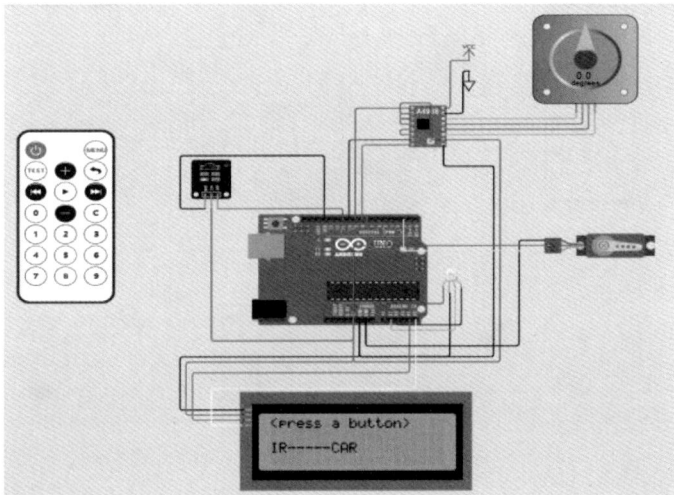

图 6-54　初始化等待控制

2. 使用红外遥控对机器人进行控制

1）机器人前进

当红外遥控按下 2 时,步进电机开始正转代表机器人向前运动并在 LCD 屏幕中打印 forward 的运动提示信息,具体过程如图 6-55 所示。

2）机器人后退

当红外遥控按下 8 时,步进电机开始反转代表机器人向前运动并在 LCD 屏幕中打印 back 的运动提示信息,具体过程如图 6-56 所示。

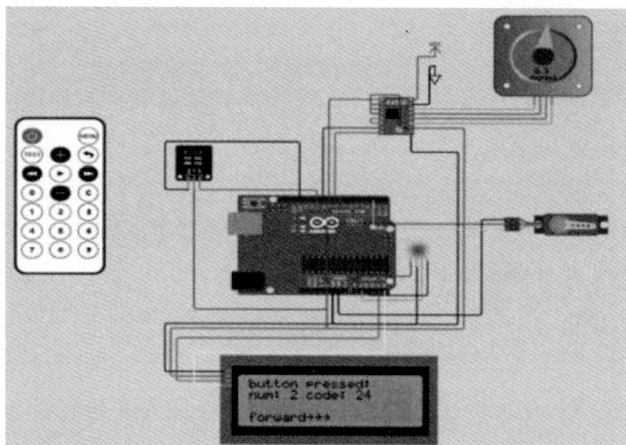

图 6-55　机器人前进

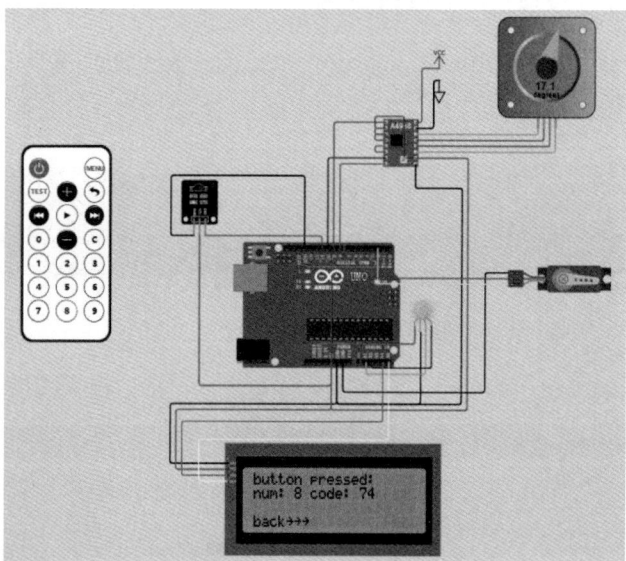

图 6-56　机器人后退

3）机器人左转

当红外遥控按下 4 时，舵机向上转动，代表机器人左转并在 LCD 屏幕中打印 left 的运动提示信息，具体过程如图 6-57 所示。

4）机器人右转

当红外遥控按下 6 时，舵机向下转动，代表机器人右转并在 LCD 屏幕中打印 right 的运动提示信息，具体过程如图 6-58 所示。

6.8.7　优化和扩展

（1）加入步进电机前进与后退步长调节指令，从而实现前进与后退距离的调节。

（2）加入舵机的转向步长调节开关指令，从而实现单次左右转的角度大小调节。

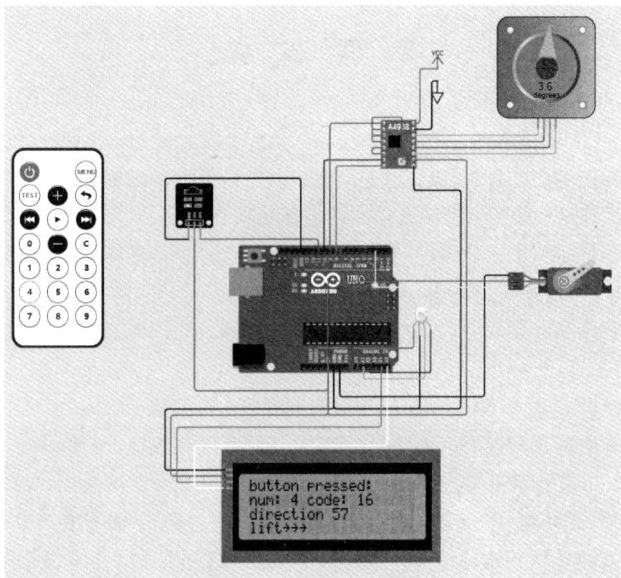

图 6-57　机器人左转

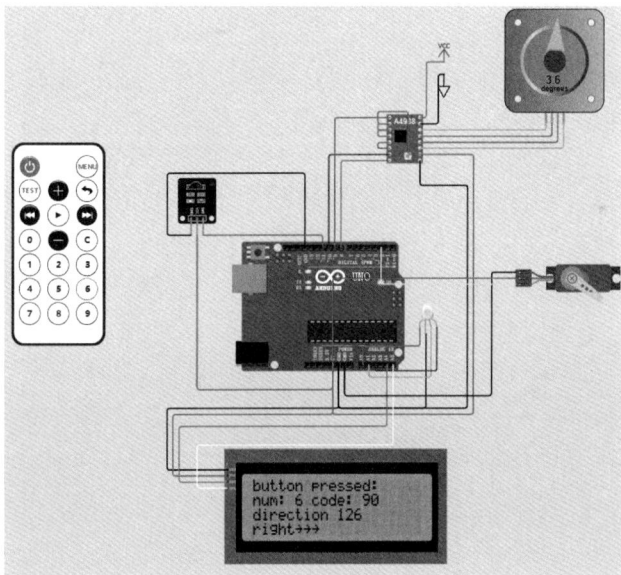

图 6-58　机器人右转

（3）加入设定步进电机最大加速度与速度。

（4）当步进电机停止运动时加入三色灯红光提示。

参 考 文 献

[1] 黄明吉，陈平. Arduino 基础与应用[M]. 北京：北京航空航天大学出版社,2018.

[2] 陈吕洲. Arduino 程序设计基础[M]. 北京：北京航空航天大学出版社,2015.

[3] 隋金雪. Arduino 思维大爆炸：机器人创客综合能力实训教程[M]. 北京：清华大学出版社,2016.

[4] 杨明丰. Arduino 自动小车最佳入门与应用：打造轮型机器人轻松学[M]. 北京：清华大学出版社,2017.

[5] [美]西蒙·蒙克(Simon Monk). Arduino 编程从零开始[M]. 3 版. 北京：清华大学出版社,2023.

[6] Wokwi. https://wokwi.com/. 2019.

[7] 李明亮. Arduino 开发从入门到实战[M]. 北京：清华大学出版社,2017.

[8] 李永华. Arduino 项目开发智能家居[M]. 北京：清华大学出版社,2019.

[9] 高山. Arduino& 乐高创意机器人制作教程[M]. 北京：清华大学出版社,2017.

[10] 王洪源，陈慕羿,任世卿. Arduino 单片机高级开发[M]. 北京：清华大学出版社,2022.

[11] [美]西蒙·蒙克(Monk S.). Arduino 编程从零开始 使用 C 和 C++[M]. 张懿,译. 2 版. 北京：清华大学出版社,2018.